H. FAVRE
INGÉNIEUR-AGRONOME
PROFESSEUR D'AGRICULTURE

LES ENGRAIS
DANS LE VAR
ET EN PROVENCE

PREMIER MILLE

PRIX : 1 fr. 25 — Franco Poste : 1 fr. 40

DRAGUIGNAN
Imprimerie C. et A. LATIL, boulevard de l'Esplanade, 4

1895

LES ENGRAIS

DANS LE VAR

ET EN PROVENCE

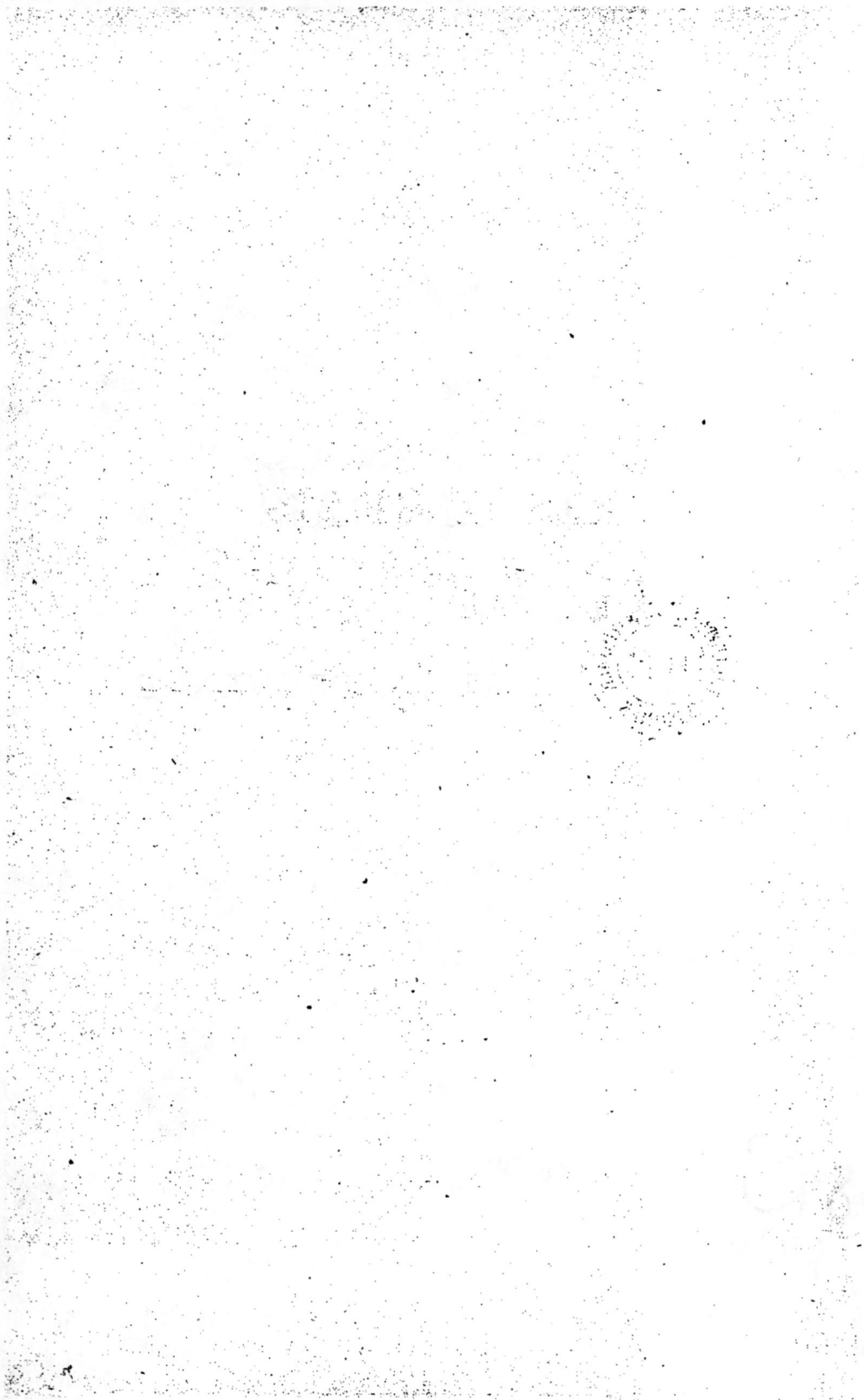

H. FAVRE
INGÉNIEUR-AGRONOME
PROFESSEUR D'AGRICULTURE

LES ENGRAIS

DANS LE VAR

ET EN PROVENCE

PREMIER MILLE

DRAGUIGNAN
Imprimerie C. et A. Latil, boulevard de l'Esplanade, 4.

1895

Depuis que j'ai l'honneur d'aider de mes conseils les cultivateurs du département du Var, il ne se passe pas de jour qu'une question sur les Engrais ne me soit posée.

Cela ne me surprend point.

Les cultivateurs du Var, comme ceux de toute la Provence, disposent d'une quantité de fumiers absolument insuffisante pour les besoins de leurs récoltes. L'expérience leur a montré que l'ancienne méthode de culture, basée sur l'exploitation de la richesse naturelle du sol, donnait des produits trop faibles pour couvrir ses frais. Ils ont vu, à côté d'eux, employer avec succès les engrais du commerce.

Ces raisons étaient suffisantes pour les entrainer. Mais, dans cet état d'esprit, il leur est bien difficile de n'être pas la dupe des marchands d'engrais, souvent plus habiles que scrupuleux, qui parcourent nos villages.

Pour éviter aux habitants de nos campagnes

d'être trompés et pour les guider, en même temps, dans le choix des matières qui leur sont nécessaires, j'ai eu l'idée de publier ce petit livre.

Il est le fruit de mon expérience personnelle et le résumé des travaux des meilleurs agronomes.

Nos cultivateurs y retrouveront l'enseignement que je donne dans mes tournées, sur cette intéressante question, avec des détails plus nombreux et en même temps le dosage et la VALEUR ARGENT *de chaque engrais.*

J'espère qu'il leur rendra service, ce sera pour moi une grande satisfaction.

H. FAVRE.

Ingénieur-Agronome.

Draguignan, le 1er Février 1895.

PREMIÈRE PARTIE

LES PLANTES & LE SOL

I.

CE QUE DEMANDENT LES PLANTES

Les plantes, pour se développer et donner de bonnes récoltes, doivent trouver dans le sol, à portée de leurs racines, un certain nombre de matières qui leur servent d'aliments.

On connait à peu près aujourd'hui, grâce aux progrès des études agronomiques, le nombre des matières alimentaires utilisées par les plantes ainsi que le rôle dévolu à chacune d'elles dans la formation des tissus végétaux.

Les aliments des plantes sont nombreux — l'analyse d'une plante montre en effet que 14 corps entrent dans sa formation — mais tous ne sont pas également indispensables. Nous nous occuperons, dans le courant de cette étude, de quatre corps seulement, car les autres ne concourent qu'en proportion très faible dans la constitution des organes végétaux, ou bien se trouvent dans le sol en quantité suffisante pour que le cultivateur n'ait presque jamais à s'en préoccuper.

Les quatre corps indispensables à la vie des plantes sont :

L'Azote ;
L'Acide Phosphorique ;
La Potasse ;
La Chaux.

L'Azote est pour les plantes ce que le pain est pour l'homme, c'est le principe qui donne la vigueur et la force aux végétaux. Il est l'agent le plus actif des engrais organiques et du fumier de ferme et c'est surtout à son action qu'est dû le développement plus intense du blé qui pousse sur une parcelle où le fumier est resté entassé pendant quelques jours.

On trouve de l'azote dans toutes les matières organiques en décomposition, dans le terreau, la chair et le sang désséchés, la poudrette, les guanos, les chrysalides de vers-à-soie, les cornailles, onglons, déchets de laine, marcs de raisin, d'olive, de colle, de café, etc... On le trouve encore dans les tourteaux provenant de l'extraction des huiles de graines.

Enfin on le rencontre dans quelques régions (au Pérou) en gisements considérables sous forme de *Nitrate de Soude* ou bien on le prépare dans l'industrie sous le nom de *Nitrate de Potasse* ou sous celui de *Sulfate d'Ammoniaque*. Ces trois matières sont les engrais chimiques fournisseurs d'azote.

L'Acide Phosphorique est d'une très grande utilité et si son action ne se traduit pas sous la forme d'une végétation brillante, elle se manifeste par une augmentation sensible de la récolte et par une meilleure qualité du produit.

Le grain de blé obtenu sur une terre riche en Acide Phosphorique sera toujours bien nourri et plus lourd que le grain produit par une terre pauvre en cet élément.

La Potasse est aussi absolument indispensable aux plantes. Il nous sera facile de le prouver en rappelant que les cendres des végétaux sont une véritable source de Potasse.

La Potasse paraît avoir une action plus spéciale sur la formation de l'amidon, du sucre et de tous leurs dérivés ; elle est très utile à la vigne, la pomme de terre, la betterave, la luzerne, etc...

La Chaux qui abonde généralement dans nos terres de Provence est un aliment de première nécessité pour les plantes. Les cultivateurs de la Bretagne, de l'Auvergne et du Limousin le savent bien et ceux qui exploitent nos terres des Maures et de l'Estérel ne devraient pas l'oublier.

Dans les régions où le sol est pauvre en chaux, comme celles que nous venons de citer, on ne peut obtenir des récoltes convenables, on ne peut même cultiver le blé qu'après avoir chaulé et ce n'est aussi qu'à cette condition que les herbes deviennent favorables à l'engraissement du bétail.

*
* *

Pour montrer l'utilité des matières que nous venons de nommer, il suffit de donner l'analyse de quelques plantes cultivées dans notre région.

100 kilos de blé, avec la paille correspondante, contiennent en nombres ronds :

Azote..............	2k32
Acide phosphorique..	1k46
Potasse............	2k66
Chaux..............	1k30

Pour une propriété produisant à l'hectare 1.500 kilos de grains avec la paille correspondante, il nous sera facile de voir que cette récolte contiendra :

Azote..............	34k80
Acide phosphorique..	21k90
Potasse............	39k90
Chaux..............	19k50

Ce sera autant d'enlevé au sol par chaque récolte de blé.

Un olivier donnant 30 litres d'olives en moyenne, enlève au sol par son fruit, ses feuilles et le bois correspondant :

Azote...............	0^k144 gr.
Acide phosphorique.	0^k054
Potasse............	0^k150

Si l'on suppose 150 oliviers par hectare, ce qui est la moyenne des plantations de nos pays, on arrive au prélèvement de :

Azote...............	21^k600
Acide phosphorique.	8^k100
Potasse............	22^k500

Un hectare de vignes enlève annuellement au sol, dans une terre riche, par le fruit et le bois :

Azote...............	40 à 70^k
Acide phosphorique.	10 à 17^k
Potasse............	30 à 70^k
Chaux..............	50 à 130^k

Il faudra donc fournir par hectare, pour chaque récolte, ces quantités de matières alimentaires.

Ce serait cependant commettre une faute de croire que l'on peut improviser brusquement la fertilité dans un sol stérile. Les engrais faciles à assimiler ne peuvent, en effet, produire leur effet utile que lorsque le terrain contient déjà, à titre de *capital engrais*, une certaine quantité de principes fertilisants qui se décomposent lentement.

II.

LE FUMIER DE FERME
ET LES ENGRAIS COMPLÉMENTAIRES

Le fumier de ferme contient à peu près toutes les matières fertilisantes qui sont nécessaires aux plantes, mais il les contient dans des proportions très variables suivant la richesse du sol où il est obtenu.

La valeur fertilisante du fumier d'un domaine rural est en effet, suivant l'heureuse expression de M. Risler, *le miroir de la richesse du sol* de ce domaine.

Dans une ferme où le terrain est riche en matières minérales (Acide phosphorique, Potasse et Chaux), les fourrages, les pailles, les grains contiendront abondamment ces matières, les animaux qui les consommeront laisseront des résidus riches et le fumier sera de bonne qualité. Dans un domaine pauvre, où les terres sont épuisées, les animaux auront de la peine à trouver dans l'alimentation les matières nécessaires à la formation de leur squelette et ne donneront qu'un fumier pauvre.

Nous venons de montrer que chaque récolte

enlevée et vendue, arrache à la propriété une grande quantité de principes fertilisants qui s'en vont sous forme de grains, pommes de terre, vesces, légumes, etc., et que rien ne remplace. Si nous songeons que nos terres de Provence sont ainsi exploitées depuis près de deux mille ans — depuis l'invasion romaine — nous ne serons plus étonnés de les trouver si pauvres.

Le repos que nous accordons à la terre tous les deux ans est un bien mauvais système de fumure, il n'apporte presque rien au sol et coûte fort cher puisqu'il nous faut payer quand même le loyer et l'impôt. Il pourrait être remplacé avantageusement par une fumure.

Le grand défaut de la culture dans nos pays, c'est qu'elle n'est pas conduite d'une manière rationnelle, et que la plupart de ceux qui détiennent la propriété du sol arable ne consentent jamais à mettre en œuvre un capital d'exploitation suffisant. Les grands propriétaires laissent leurs fermes entre les mains de métayers mal outillés, disposant de ressources trop faibles, et ces derniers, livrés à eux mêmes, attendent tout de la fertilité naturelle du sol sans jamais pouvoir assurer leur bien-être.

On produit, à peu de chose près, comme le faisaient nos pères, il y a cinquante ans, sans se douter que les conditions économiques sont bien modifiées depuis cette époque, que les méthodes établies par l'expérience des siècles — d'autres disent la routine — ne sont pas immuables, qu'elles doivent suivre l'évolution progressive de l'esprit humain et se plier aux conditions nouvelles. Il faudrait songer enfin que la terre, à laquelle on demande toujours, ne possède pas des trésors inépuisables et qu'il faut lui donner si l'on en veut obtenir.

Le cultivateur qui, dans son champ, transforme en produits terminés les engrais qu'il recueille ou qu'il achète, n'est-il pas un industriel? Ne procède-t-il pas par les mêmes moyens que tous les autres et doit-il, par la seule raison que l'usine est plus vaste et qu'elle lui a été livree de toutes pièces par la nature, doit-il appliquer à son industrie des règles qu'on ne saurait appliquer aux autres?

Nous ne le pensons pas et voudrions amener nos lecteurs à juger la production agricole avec le même esprit de suite qu'ils mettent à juger les autres productions industrielles. Nous désirerions leur persuader que le sol n'est qu'une machine qu'il faut alimenter sans cesse pour en obtenir toujours et que, même, le cultivateur ne sera pas quitte avec sa terre lorsqu'il lui aura restitué comme engrais tout le fumier laissé par l'exploitation en fin d'année. Il lui devra donner autre chose encore.

Quels que soient les cas spéciaux que l'on envisage dans l'exploitation d'une propriété, le cultivateur sera toujours obligé d'acheter des engrais au dehors, même dans les cas les plus favorables.

Soit, en effet, que l'on considère une ferme qui ne possède pas de fumier, ce qui n'est pas rare dans nos exploitations viticoles du Var ; soit que la quantité de fumier produite à la ferme reste insuffisante, soit même que cette quantité se trouve assez abondante pour fumer toutes les parcelles :

Il sera toujours indispensable d'apporter les principes utiles à la végétation, de les compléter ou d'empêcher leur destruction totale.

Les **Engrais complémentaires** ne sont pas un luxe, permis seulement aux agriculteurs fortunés, ils sont une nécessité pour tous ceux qui veulent tirer du sol des récoltes rémunératrices. Leur emploi est indispensable dans notre région où la plupart des terres cultivées sont livrées à la vigne, à l'olivier, aux céréales, où les prairies n'occupent que de faibles surfaces, dans lesquelles les animaux sont peu nombreux et les engrais naturels en bien petite quantité.

III.

CE QUI MANQUE GÉNÉRALEMENT AUX TERRES DE PROVENCE

Si nous comptions déterminer la nature des engrais à employer dans chaque terre en étudiant la composition chimique des roches qui l'ont formée, nous aurions fort à faire et le praticien serait absolument débordé. Notre sol de Provence repose, en effet, sur des formations géologiques de toutes les époques, depuis les plus anciennes, dans les Maures et l'Estérel, jusqu'aux plus récentes, et chaque roche possède sa composition spéciale.

Au point de vue auquel nous nous sommes placés, celui de l'application pratique des engrais, nous pourrons nous contenter de diviser les terres de notre région en deux grandes catégories :

1° Les terres des Maures et de l'Estérel, formées par le massif granitique presque ininterrompu qui s'étend depuis Hyères jusqu'à Cannes et à Grasse, en suivant le littoral du Var.

Ces terres sont caractérisées par une grande pauvreté en Chaux et en Acide phosphorique.

Elles contiennent par contre de la Potasse, en quantité quelques fois élevée.

2° Les terres calcaires, plus ou moins argileuses qui forment la plupart de nos coteaux.

Elles contiennent un peu d'Acide phosphorique, mais jamais suffisamment pour assurer les récoltes ; plus ou moins de Potasse suivant que l'argile y est abondante ou en faible quantité et beaucoup de chaux.

On peut également établir une troisième catégorie pour les terres de plaines, formées par des alluvions plus ou moins calcaires.

Ces terres sont les seules qui contiennent de l'Azote, mais elles sont souvent très pauvres en matières minérales parce qu'on les a presque toujours cultivées sans les fumer et que l'on a favorisé ainsi l'épuisement de l'Acide phosphorique et de la Potasse.

Des différences très sensibles existent cependant dans la composition de nos terres de plaine, car cette composition est intimement liée à la nature des terrains qui les dominent et qui les ont formées. Nous ne prétendons, en effet, donner ici que des indications générales.

Il résulte de ce que nous venons d'avancer que les cultivateurs doivent employer plus spécialement :

Sur les terrains de la 1re catégorie :

Les Engrais Calcaires, Phosphatés et Azotés ;

Sur ceux de la 2e catégorie :

Les Engrais Phosphatés, Azotés et Potassiques; enfin qu'ils ont intérêt à utiliser surtout les engrais minéraux : Phosphatés et Potassiques sur ceux de la 3e catégorie.

IV.

COMMENT ON RECONNAIT CE QUI MANQUE AU SOL

Le cultivateur possède deux moyens pour reconnaître les éléments qui manquent à sa terre.

Il peut avoir recours à l'*Analyse chimique* ou à l'*Analyse par les plantes*.

Nous lui conseillerons de prendre le second, moins rapide évidemment que le premier, mais plus convainquant et à la portée de tous les praticiens intelligents.

L'**Analyse chimique** d'une terre indique la quantité de principes fertilisants qu'elle contient et, par déduction, la nature et la quantité de ceux qu'on doit lui donner.

Pour faire analyser une terre, il est nécessaire d'en prélever un échantillon convenable, qui représente la moyenne de composition du terrain. Enlever l'herbe de la surface du sol et creuser bien verticalement, à la bêche, un trou carré de $0^{m}30$ de côté et de $0^{m}40$ de profondeur. Opérer ainsi sur un certain nombre de points, réunir et mélanger intimement la terre obtenue et, sur le mélange, prendre un échantillon de 3 kilos qui sera envoyé au chimiste.

L'analyse indiquera la quantité d'Azote, d'Acide phosphorique, de Potasse et de Chaux contenue dans la terre.

Pour l'Azote : une terre est appelée *riche* lorsque l'analyse lui reconnait un dosage de 1 à 2 pour mille. Elle est *moyenne* lorsqu'elle n'en contient que 1 pour mille et *pauvre* lorsqu'elle contient moins de 1 pour mille.

Pour l'Acide phosphorique : les terres sont *riches* lorsqu'elles contiennent de 1 à 2 pour mille ; *moyennes* de 0,5 à 1 pour mille, et *pauvres* au-dessous de 0,5 pour mille.

Pour la Potasse : la terre est pauvre lorsqu'elle n'en contient pas au moins 4 pour mille.

Pour la chaux : il est nécessaire que la terre en contienne de 2 à 3 pour cent.

Suivant les résultats donnés par l'analyse, le cultivateur devra donc employer, plus spécialement, telle ou telle fumure.

Il arrive cependant que les résultats de l'analyse ne sont pas toujours confirmés par ceux de la végétation et que, dans un sol indiqué comme moyennement riche, les plantes restent chétives. Le chimiste ne s'est pas trompé, mais il n'a pu rechercher si les éléments de fertilisation contenus dans le sol s'y trouvaient sous une forme immédiatement utilisable.

L'**Analyse par les plantes** est donc nécessaire pour contrôler expérimentalement les résultats souvent précieux de l'analyse chimique. On remarque l'état de la végétation et on essaie les engrais sur de petites surfaces, et si la première méthode laisse quelquefois place au doute, l'expérience directe ne trompe jamais.

Une terre sera riche en Azote lorsque le blé y deviendra fort, vigoureux, riche en paille ; lorsque les pommes de terre y donneront des tiges bien développées et les vignes, des bois abondants et d'un gros diamètre.

Ces caractères se rencontrent assez souvent dans nos plaines mais rarement sur les coteaux.

L'Azote donne surtout la vigueur de végétation. Nos praticiens pourront encore avoir une idée de son action s'ils considèrent que le développement spécial et la couleur vert-foncé que prend le blé sur un terrain occupé, pendant quelques jours, par un tas de fumier, sont dus particulièrement à l'action de l'Azote. Ils seront enfin tout à fait fixés s'ils ont employé, une fois seulement, du nitrate de soude.

Ce que nos praticiens ont sans doute remarqué aussi, c'est que dans les terres à végétation exubérante, les récoltes sont bien souvent trompeuses. Tel blé, beau en paille, donne peu de grains ou des grains mal nourris. Telle pomme de terre à fannes développées fournit peu de tubercules. Telle vigne vigoureuse ne donne pas de fruits. Ces terres manquent d'Acide phosphorique et souvent de Potasse et l'addition des engrais minéraux devient alors indispensable.

Les matières minérales — Acide phosphorique, Potasse et Chaux — ont une action plus directe sur la formation du fruit.

Toutes nos terres de Provence sont pauvres en Acide phosphorique. Nous l'affirmons avec d'autant plus d'assurance que chaque fois que nous avons vu employer des engrais phosphatés, dans notre région, sur des blés, des prairies, de la vigne ou l'olivier, les résultats obtenus ont été excellents.

Nos cultivateurs peuvent être assurés que les dépenses qu'ils feront en Phosphate leur seront largement rendues par les récoltes.

La *Potasse* se trouve généralement en quantité suffisante dans les terres granitiques, les gneiss, les schistes, les porphyres qui forment la région des Maures et de l'Estérel.

Elle manque au contraire dans les terres calcaires privées d'argile, dans les grès calcaires.

D'une manière générale les argiles contiennent de 2 à 5 0/0 de Potasse, c'est-à-dire une quantité toujours suffisante pour assurer la végétation. Les terres seront par conséquent d'autant plus riches en potasse qu'elles contiendront plus d'argile.

On reconnait qu'une terre contient une quantité de Potasse suffisante lorsque les luzernes et les sainfoins y viennent bien, ou bien encore lorsque les prairies de graminées se garnissent bien de trèfles et autres légumineuses adventices. Dans le cas contraire, la potasse peut se trouver en proportions trop faibles et on doit l'apporter au sol.

La Chaux se trouve presque toujours en quantité insuffisante dans la région des Maures et de l'Estérel. Elle abonde partout ailleurs en Provence.

Ces remarques, qu'il est toujours facile de faire sur la végétation, seront complétées efficacement par l'essai des engrais spéciaux.

Le terrain livré à une culture — blé, ou vigne, ou plante sarclée, ou prairie de graminées — sera divisé en 4 parcelles de même surface, chaque parcelle recevra une fumure spéciale où l'un des éléments de fertilisation fera défaut :

1re parcelle recevra Engrais complet : Azote, Potasse, Acide phosphorique.

2e parcelle : Azote et Potasse.

3e parcelle : Azote et Acide phosphorique.

4e parcelle : Acide phosphorique et Potasse.

La récolte donnée par chaque parcelle sera pesée ; elle indiquera au cultivateur l'action plus ou moins efficace de chaque principe fertilisant et le guidera sûrement dans l'avenir.

Bien que chacun des principes fertilisants ait une action plus spéciale sur le développement de telle ou telle partie de la plante, il ne faudrait pas croire cependant qu'il s'y localise absolument. Chaque cellule de la plante est formée par la réunion de tous les principes utiles, et si l'un d'eux vient à manquer, ou se trouve en quantité insuffisante, les autres ne sont pas utilisés, quelle que soit leur proportion dans le sol.

La plante ne prend les principes utiles du sol que dans la proportion de celui qui s'y trouve en plus faible quantité.

Ainsi, dans un sol maigre en Azote, quoique riche en matières minérales, les récoltes seront toujours faibles ; de même dans un sol riche en Azote, mais pauvre en matières minérales.

Les résultats de deux expériences de haute valeur faites sur la culture du blé et sur celle des pommes de terre, indiqueront suffisamment combien cette considération est importante pour qu'on ne l'oublie pas :

Culture du Blé a Rothamsted de 1852 a 1883

	Grains	Pailles	Récolte totale
1. Sans engrais........................	862 k	1.423 k	2.285 k
2. Avec Engrais minéral................	1.003	1.640	2.643
3. Engrais minéral, plus 48k d'Azote Amm.	1 608	2.814	4.422
4. Engrais minéral, plus 96k —	2 183	4.223	6.406
5. Engrais minéral, plus 144k —	2.404	5.078	7.482
6. Engrais minéral, plus 96k d'Azote nitriq.	2.570	5 250	7.820
7. Fumier de ferme (35.000k)............	2.251	4.001	6,252

Culture de Pommes de terre de 1876 à 1887

	Récolte annuelle
1. Sans engrais.....	4.989 kil.
2. Superphosphate de Chaux.....	9 210 —
3. Mélange minéral (Potasse, Acide phosphorique)	9.445 —
4. Sulfate d'Ammoniaque (96k d'Azote à l'hectare).	5.741 —
5. Nitrate de Soude (96k d'Azote à l'hectare).....	6.590 —
6. Sulfate d'Ammoniaque, plus mélange minéral..	16.884 —
7. Nitrate de Soude, plus mélange minéral.....	16.696 —

Il est facile de remarquer, dans la première expérience, mais plus particulièrement dans la seconde, combien les récoltes obtenues sur un sol privé d'un élément de fertilisation diffèrent peu de celles données par une terre qui n'a pas reçu d'engrais. L'addition de l'élément supprimé élève au contraire dans une large mesure le chiffre des rendements.

Le temps pendant lequel ces deux cultures ont été poursuivies — qui est de 31 ans pour la première et de 11 ans pour la seconde — et les surfaces relativement considérables qu'elles ont occupées, nous permettent de leur accorder une grande attention.

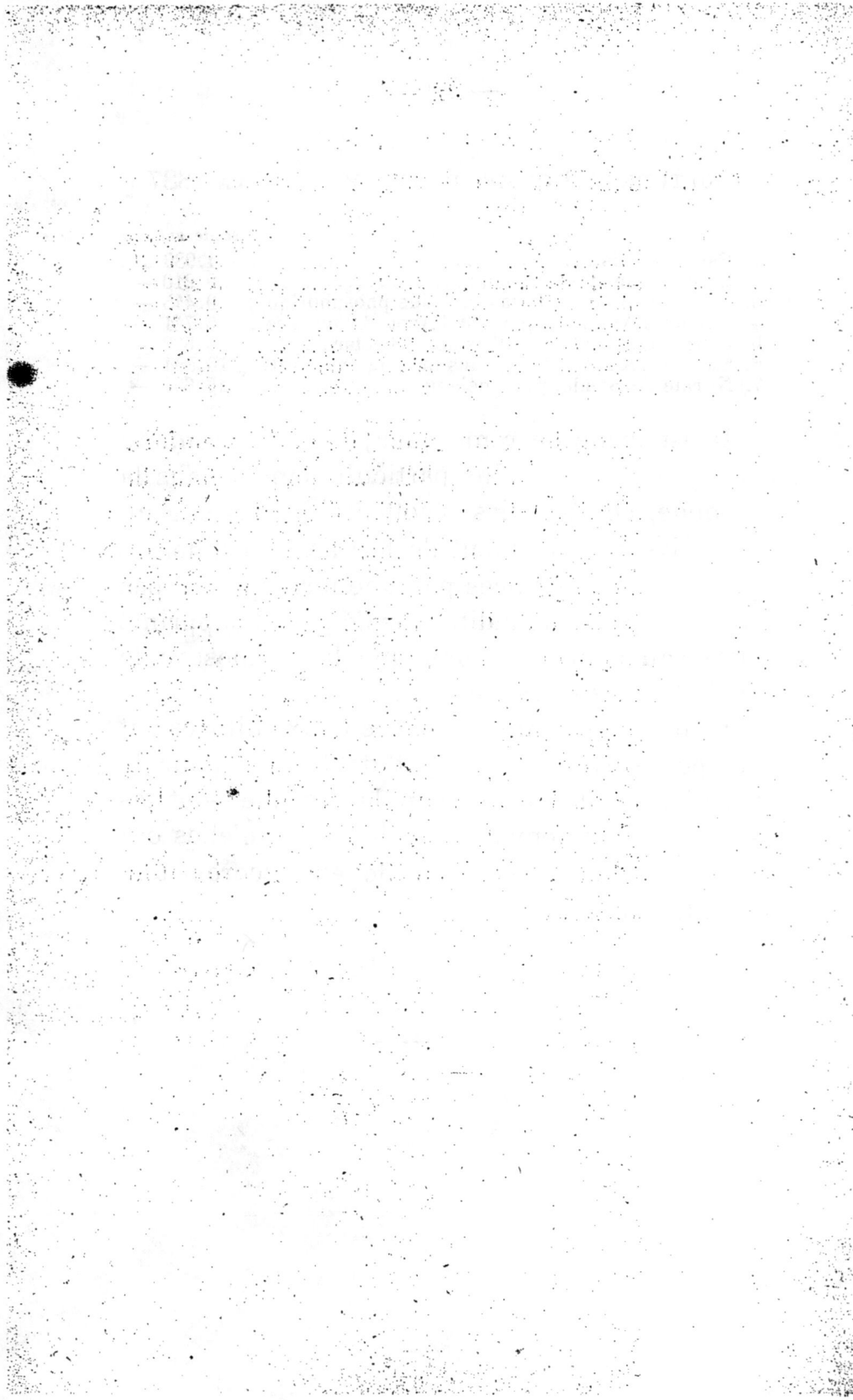

V.

LES ENGRAIS COMPLETS ET LES ENGRAIS ÉCONOMIQUES

Ainsi que nous venons de le voir, il faut que la plante trouve dans le sol la série complète des éléments de fertilisation. Mais il est rare qu'une terre soit dépourvue absolument de tout ce qui est nécessaire aux plantes, elle contient toujours un ou deux principes, si non en proportions suffisantes, du moins en quantités appréciables. C'est pour cette raison que si les *Engrais complets*, que l'on achète dans le commerce, donnent toujours des résultats apparents, ils ne donnent jamais des résultats *économiques*.

Les *Engrais complets* du commerce font dépenser aux cultivateurs des sommes beaucoup plus élevées que celles qui seraient suffisantes pour obtenir les mêmes résultats ; et cela pour deux raisons : la première, c'est que les fabricants d'engrais, sous le prétexte que l'engrais est tout préparé, majorent son prix réel de 25 à 30 °/₀, alors qu'il serait bien facile au cultivateur d'acheter directement les matières premières et de les mélanger lui-même ; la seconde, qui est la plus sérieuse et qui déjà a dû venir à l'esprit de nos lecteurs, c'est *qu'un engrais doit avoir telle ou telle composition suivant le sol auquel on l'applique.*

Evidemment, il y a des dominantes pour les plantes ; et si les graminées, les betteraves, etc., sont plus gourmandes d'Azote que les pommes de terre, la vigne et les légumineuses ; si ces dernières préfèrent les engrais minéraux, il n'en est pas moins vrai qu'il est surtout utile de tenir compte de la composition du sol.

Un Engrais complet, préparé pour la vigne, par exemple, ne donnera jamais les mêmes résultats si on l'applique sur des vignes en coteaux maigres ou sur des vignes en plaines. La quantité d'Azote qu'il contient pourra être insuffisante pour nourrir les vignes plantées en coteaux et superflue pour celles de la plaine ; les matières minérales apportées pourront l'être également dans des conditions qui ne conviennent pas.

D'un côté comme de l'autre on aura dépensé beaucoup sans avoir donné ce qu'il faut ; certains éléments manqueront encore, tandis que d'autres seront perdus.

Nous pourrions appliquer le même raisonnement aux Engrais complets pour le blé, la pomme de terre, etc... Aussi engageons-nous les cultivateurs *à ne jamais acheter d'Engrais complets préparés par le commerce,* mais à les préparer eux-mêmes suivant la nature du sol et les besoins spéciaux des cultures.

DEUXIÈME PARTIE

LES ENGRAIS

Quel que soit l'Engrais que l'on considère, il faut être bien persuadé qu'il n'a de valeur que par la quantité de principes fertilisants qu'il contient.

Ainsi, ce n'est pas le fumier qui agit sur les plantes, ce ne sont pas les tourteaux, ni la chair ou le sang desséchés, ni les chrysalides de vers-à-soie ou les chiffons, etc..., ce sont les principes utiles contenus dans ces matières qui seuls ont de la valeur.

Et les cultivateurs s'en doutent bien. Ils ont évidemment remarqué qu'il y a des fumiers qui produisent plus d'effet que d'autres. Ceux qui utilisent les tourteaux savent bien qu'il est nécessaire d'employer 200^k de ricin pour obtenir les résultats que donnent 100^k d'arachides décortiquées.

Il est donc indispensable de ne payer les Engrais que suivant leur dosage, suivant leur richesse en principes utiles.

[illegible]

[illegible]

[illegible] de la [illegible]

Et les [illegible]

[illegible]

I.

VALEUR DES PRINCIPES UTILES

L'AZOTE

L'*Azote* est, des quatre principes indispensables aux plantes, celui qui coûte le plus cher. Sa valeur, dans les Engrais, varie entre 1 fr. et 1 fr. 70 le kilo.

Lorsqu'il est contenu dans des matières d'une décomposition très lente, qui ne le livreront aux plantes que dans deux, trois, quatre ou cinq ans; dans de la corne brute, dans des chiffons ou des crins par exemple, on ne devra le payer qu'au minimum. S'il est contenu dans des matières d'une décomposition immédiate comme le sang ou la viande desséchés, les chrysalides de vers-à-soie ou bien dans des produits déjà nitrifiés, le Nitrate de Soude, Nitrate de Potasse, etc..., il pourra être payé au maximum.

Il n'est pas admissible, en effet, de payer le même prix une matière immédiatement utilisable et une autre qui ne produira intérêts que dans quelques années.

Tous les praticiens sont capables de déterminer, d'une façon très suffisante, et à simple inspection, le temps que mettra une matière pour se décomposer dans le sol. Ils pourront donc établir facilement le prix du kilo d'Azote entre les limites extrêmes que nous venons de donner.

L'ACIDE PHOSPHORIQUE

L'*Acide phosphorique* n'a pas un prix uniforme dans les Engrais. Il vaut 0,25 cent. le kilo lorsqu'il est sous la forme insoluble, comme dans les phosphates minéraux, les scories de dephosphoration, les os verts. Son prix s'élève jusqu'à 0,50 et même 0,65 cent. le kilo s'il est soluble au Citrate ou s'il est soluble à l'eau comme dans les superphosphates minéraux, noirs de raffinerie ou bien dans les superphosphates d'os et les engrais organiques.

LA POTASSE

La *Potasse* est uniformément vendue dans les Engrais à raison de 0,45 le kilo.

LA CHAUX

La *Chaux* n'a pas de prix appréciable dans les Engrais, elle n'a de valeur que lorsqu'on l'achète en grandes quantités.

Le cultivateur a donc le choix parmi les produits que lui offre le commerce. Mais il ne doit jamais oublier que, à prix égal du kilo de matière utile, les Engrais organiques doivent toujours être préférés aux Engrais chimiques, car ils apportent avec eux un élément d'amélioration physique du sol que ces derniers n'apportent pas.

II.

ENGRAIS D'ORIGINE ORGANIQUE

Ces engrais peuvent être composés de matières végétales ou animales.

LES ENGRAIS VERTS & DÉCHETS VÉGÉTAUX

Les engrais verts sont ceux que l'on fabrique sur place, en cultivant certaines plantes spéciales, les légumineuses surtout, qui ont la propriété de prendre l'*Azote* de l'air et d'en enrichir le sol.

Les plantes que l'on cultive le plus communément, dans ce but, en Provence, sont : le sainfoin *(esparcet)*, la luzerne, les vesces *(pésote)*, l'ers *(èré)*, dans les terres calcaires, et le lupin dans les terres granitiques.

Ces plantes sont d'une culture très économique, parce qu'elles donnent une ou deux coupes de fourrages, et qu'elles laissent ensuite le sol plus riche qu'il ne l'était auparavant. Le lupin, que l'on enfouit lorsqu'il est en pleine floraison, est lui aussi économique, bien qu'il ne donne aucun produit direct ; on doit le cultiver, comme engrais vert, toutes les fois que la valeur locative du sol est peu élevée. Dans les localités pauvres et maigres des Maures et de l'Estérel, où les chemins ne sont pas toujours commodes, il sera souvent moins coûteux de sacrifier l'année de loyer d'une terre, pour y produire de l'engrais, que d'acheter et d'ammener la matière fertilisante de la ville.

Cependant, on emploierait un bien mauvais système en ne fumant jamais qu'au moyen d'engrais verts, on arriverait ainsi à stériliser son terrain, et c'est parce que nous avons vu ce fait se produire, dans certaines régions du Centre de la France, que nous tenons à mettre les cultivateurs en garde.

Les plantes légumineuses ont, sans doute, la propriété de prendre l'azote de l'air, pour en former leurs tissus et en enrichir le sol, mais elles vivent également aux dépens de matières minérales, et ces dernières ne se trouvent pas dans l'air; c'est dans le sol qu'elles sont confinées. Lorsque, à la suite de cultures successives de légumineuses, le sol est épuisé de matières minérales, il devient stérile, et l'on ne peut lui rendre ses propriétés premières qu'en lui donnant de l'acide phosphorique et de la potasse.

C'est pour cette raison que nous conseillerons toujours aux cultivateurs de ne jamais retourner un lupin ou un regain de sainfoin, luzerne, vesce, etc., sans répandre auparavant sur le sol 400 kil.

de phosphate minéral par hectare. Cet engrais sera enfoui par le même trait de labour qui retournera la plante verte.

Les engrais verts sont précieux encore, pour notre région, parce qu'ils contiennent une quantité d'eau appréciable, et qu'ils maintiennent la fraicheur dans le sol, pendant l'été.

Une luzerne de douze ans peut donner en Provence jusqu'à 37,000 kilos de racines par hectare, ces racines contiennent 1,11 °/₀ d'azote, ce qui fait 410 kilos d'azote correspondant à la quantité contenue dans 85,000 kilos de fumier.

Le sainfoin laisse dans le sol 10,000 kilos de racines renfermant 1,04 °/₀ d'azote, ce qui donne pour un hectare 104 kilos d'azote, quantité correspondante à celle contenue dans 25,000 kilos de fumier.

Les déchets végétaux qui se trouvent à proximité de la ferme, tels que les roseaux, les bruyères, les joncs, buis, fougères, sarments de vigne, thyms, peuvent être utilisés avec avantage dans les terres fortes surtout, car ils divisent ces terres et contribuent à la conservation de l'humidité.

Ces déchets végétaux contiennent de 1 °/₀ à 2 1/2 °/₀ d'azote ; 0,25 à 0,50 °/₀ d'acide phosphorique et 0,50 à 1 °/₀ de potasse.

Les différentes industries qui traitent les produits végétaux laissent des résidus dont le transport et l'emploi sont toujours faciles, et qui ont de plus le grand avantage de posséder une valeur fertilisante quelquefois élevée. Tels sont les tourteaux de graines oléagineuses, les marcs de raisin, d'olive, de café, de fleurs, les sciures, les feuilles, les pailles, etc.

LES TOURTEAUX

Le *tourteau* est formé de graines écrasées et privées de leur huile et comme c'est dans la graine que la plante, sur le point de terminer son existence, va concentrer tout ce qu'elle contient de principes fertilisants, la graine, et le tourteau qui en résulte, sont des éléments de fertilisation de premier ordre.

Il arrive très souvent que le prix de certains tourteaux est supérieur à leur valeur réelle comme engrais, le fabricant d'huile qui les livre au commerce ne s'inquiète guère de la quantité de matières utiles qu'ils contiennent pour établir leur prix, c'est donc au cultivateur de s'en inquiéter et de n'acheter qu'en connaissance de cause.

Le danger que nous signalons se manifeste tous les jours dans les Bouches-du-Rhône où le cultivateur payait couramment, il y a quelques années, 10 à 13 fr. les cent kilos le tourteau de ricin dont la valeur réelle ne dépasse cependant pas 7 fr. 65 les cent kilos. Mais la force de l'habitude est là, qui domine ; le cultivateur a vu son grand père, son père, employer le tourteau de ricin pour fumer le second blé, et il ne croit pas pouvoir le remplacer par un engrais plus économique. Ses devanciers le payaient 5 fr., lui le paye 12 fr., la routine le veut ainsi.

Et à côté de certains tourteaux, que le commerce vend à un prix supérieur à celui indiqué par leur dosage, il en est d'autres qu'il livre à un prix bien inférieur et que l'on ne songe pas à acheter.

Dosage et valeur des principaux tourteaux produits à Marseille :

	AZOTE 0/0	ACIDE phosphorique 0/0	POTASSE 0/0	VALEUR pratique maximum pour 100 kilos
Tourteau d'arachides bruts....	5.37	0.59	0.60	9.55
— — décortiqués	7.51	1.33	1.50	14.15
— de Cameline	4.93	1.87	»	9.30
— de Colza exotique....	5.40	5.90	1.25	10.75
— de Coprah	3.90	1.12	2.54	8.50
— de coton brut........	3.90	1.24	1.65	8.10
— de coton décortiqué..	6.55	3.05	1 58	13.55
— de lin...............	5.04	2.15	1.29	10.35
— de maïs..............	4.90	1.21	»	7.45
— de madia............	5.06	3.40	»	10.50
— de palmiste	2.40	1.20	6.55	5.10
— de pavot d'Europe...	5.88	2.53	1.98	12.35
— de pavot d'Inde......	5.81	2.90	1.98	12.45
— de ricin......... ...	3.67	1.62	1.12	7.55
— de Sésame noir	6.34	2.03	1.15	12.50

Nous nous empressons de dire que lorsqu'on considère les tourteaux pour l'engraissement du bétail, on peut se permettre de les payer à un prix plus élevé, prix variant avec leur goût, leur odeur, et la valeur comestible qui leur est attribuée.

Tous les tourteaux que nous venons de passer en revue sont ceux livrés par la presse; ils renferment encore une quantité d'huile qui varie de 6 à 15 °/₀. Cette huile qui accroit la valeur du tourteau, lorsqu'il est destiné au bétail, n'ajoute aucune influence favorable à celui qui est destiné au sol, elle serait plutôt nuisible; aussi certains industriels livrent-ils, depuis quelques années, sous le nom de *tourteaux sulfurés*, des tourteaux absolument dépouillés d'huile.

Les tourteaux sulfurés ont toujours une valeur snpérieure aux tourteaux correspondants et peuvent être payés à un prix supérieur. Le tourteau de Sésame sulfuré, par exemple, vaut de 12 fr. 50 à 13 fr. les 100 kilos.

Il est bien entendu que les prix que nous donnons pour les tourteaux s'appliquent à des tourteaux purs et non additionnés de terre.

Le cultivateur pourra se rendre compte facilement d'une addition toujours possible de terre dans ses tourteaux; il n'aura qu'à prendre une petite quantité de matière qu'il fera déliter dans un verre d'eau: le sable ou la terre se retrouveront bientôt au fond du verre.

LES MARCS DE RAISIN & D'OLIVE

Les marcs de raisin peuvent être avantageusement employés dans nos vignobles. Lorsqu'on a retiré des *marcs* les seconds vins et l'alcool, les débris qui restent sont riches encore et sont d'une utilisation efficace pour les terres calcaires surtout.

Les marcs d'olive n'ont pas une grande valeur, mais il ne serait pas économique de les laisser perdre.

Nous indiquons la valeur engrais de tous les déchets susceptibles d'être utilisés.

	Azote 0/0	Acide phosphorique 0/0	Prix maximum pour 100 k.
Marc de raisin frais	1,11	0,25	2f60
Marc d'olive sec	0,78	0,20	2,40
Marc de café............	1,85	12,00	10,60
Touraillons d'orge	4,5	1,5	9,45
Pulpes de rescence	1,64	0,12	2,77
Boues de rescence sèche.	2,31	0,05	3,85

LES DECHETS ANIMAUX

Les animaux, à quelque genre qu'ils appartiennent, sont les parasites des plantes; ils en absorbent les matières azotées et minérales pour en former leur chair et leur squelette. Il est donc de toute justice, puisque les plantes sont cultivées au profit des animaux, que ces derniers restituent au sol et à la culture ce qu'il lui ont enlevé pour accomplir les différentes phases de leur existence.

Les déchets animaux, s'ils étaient recueillis avec soin, fourniraient à la culture un contingent d'engrais très appréciable ; mais on en laisse perdre une grande quantité, par ignorance ou incurie, et les continents vont en s'appauvrissant de plus en plus au profit des mers.

Les fleuves et les rivières qui traversent les agglomérations humaines sont sans cesse souillés par les matières fécales qu'on y déverse au grand préjudice de la santé publique et de la richesse nationale.

S'il ne nous est pas permis de réargir contre le système employé dans les villes, nous pouvons au moins conseiller à nos cultivateurs une pratique plus en rapport avec l'hygiène et avec leur intérêt.

LES MATIÈRES FÉCALES

Les matières fécales produites par une population de 35 millions d'habitants renferment 129,000 tonnes d'azote et 63,000 tonnes de phosphates; elles représentent donc une valeur considérable dont la moitié, à peine, est utilisée.

Ces matières peuvent être employées liquides ou sèches et de diverses façons : à l'état frais et étendues d'eau, à l'état liquide et fermenté, à l'état sec, sous forme de poudrette ou bien séchées au moyen d'absorbants.

Dans certaines régions, les matières sont recueillies dans des fosses maçonnées et parfaitement étanches et retirées ensuite des fosses, au moyen de tonneaux en fer, dans lesquels une pompe à air fait le vide. On désinfecte les fosses au moyen du sulfate de fer. D'autres fois, les matières fécales sont déversées dans les égouts, ce qui est excellent pour l'hygiène et peu important pour l'agriculture, car on peut tirer parti des eaux d'égout; ou bien elles sont recueillies dans des fosses mobiles.

On emploie beaucoup dans le Var les matières fécales fraîches pour les cultures maraichères qui demandent une forte fumure, pour les vignes, les oliviers, etc... Cet engrais est excellent, d'une décomposition très rapide, mais il est difficile de fixer sa valeur engrais. Les cultivateurs qui l'achètent dans les villes doivent s'enquérir de la quantité d'eau qui s'y trouve mélangée.

Les matières fécales étendues d'eau portent le nom d'*Engrais flamand,* car c'est dans le nord de la France et en Belgique qu'elles sont utilisées sous cette forme. On peut les employer au printemps sur les céréales et sur les prairies naturelles, ou bien encore sur les plantes que l'on vient de répiquer et sur les cultures industrielles.

D'une manière générale, les matières fécales se décomposent très vite et sont très solubles; on aurait souvent intérêt à les mélanger à d'autres matières organiques qui rendraient la matière azotée plus stable, ou à les répandre sur le fumier.

Dans nos campagnes, les fosses qui se trouvent près des habitations, sont rarement étanches et sont une cause de dangers, par suite des infiltrations qui se produisent, qui souillent les eaux des puits et entretiennent les maladies infectieuses telles que la fièvre typhoïde, la diphtérie, etc. Il est donc prudent de les vérifier et surtout de les établir à une certaine distance des eaux ménagères.

LA POUDRETTE

Le commerce livre, sous le nom de *Poudrette*, un engrais produit avec des matières fécales séches et réduites en poudre. La richesse de ce produit est très variable suivant la méthode employée pour l'obtenir ; bien souvent elle ne dépasse pas 1,50 °/₀ d'Azote et 3 °/₀ d'Acide phosphorique et elle lui assigne alors une valeur de 4 fr. 25 les 100 kilos. Il est utile de ne l'acheter qu'au dosage garanti; et, dans le cas où elle aurait été enrichie, après coup, par l'addition de phosphates minéraux, de ne payer le degré d'Acide phosphorique que 0,25 à 0,30 cent.

LES BOUES & BALAYURES

Les *boues et balayures* des grandes villes de notre région sont bien souvent employées pour la fumure des vignobles ; il est donc utile d'en connaître la valeur agricole et le prix maximum auquel on doit les payer.

Les balayures de ville sont généralement livrées au cultivateur à un état de décomposition avancé ; elles possèdent à peu près la même richesse que le fumier moyen : 0,40 °/₀ d'Azote ; 0,50 °/₀ d'Acide phosphorique et 0,50 °/₀ de Potasse. Elles ne doivent pas être payées — prix de transport compris — plus de 1 fr. les 100 kilos.

LE GUANO

Le *Guano* qui a été très employé, il y a quelques années, est formé par les déjections que certains oiseaux de mer déposent sur les côtes du Pérou. Grâce à l'abondance du poisson dans ces parages, les oiseaux de mer y sont très nombreux ; ils vivent, déposent leurs matières fécales sur les côtes ; et, comme il ne pleut jamais, les matières se sèchent et finissent par former des masses de plusieurs mètres d'épaisseur.

L'exportation du Guano commencée depuis 1850 atteignait déjà, quelques années après, un chiffre très élevé ; elle est aujourd'hui à peu près nulle, car le Guano riche n'existe plus.

Il n'y a rien de plus variable que la composition des Guanos naturels, et tandis que les premiers Guanos importés contenaient de 12 à 13 °/₀ d'Azote et à peu près autant d'Acide phosphorique, les Guanos que l'on importe actuellement sont plus pauvres en Azote et plus riches en Acide phosphorique et leur richesse varie de 3 à 10 °/₀ d'Azote et de 20 à 24 °/₀ d'Acide phosphorique.

A côté des Guanos naturels, le commerce livre sous le même nom divers engrais de provenance inconnue dont la composition est des plus variables.

Il est donc très difficile d'indiquer la valeur moyenne aux Guanos, et nous conseillons aux cultivateurs qui désirent les employer de ne les acheter que sur dosage garanti.

Dans certaines grottes d'Amérique, d'Algérie et aussi de Provence, on trouve des dépôts de Guanos formés par les déjections des chauves-souris et les cadavres de ces animaux. Ils contiennent 3,50 °/₀ d'Azote et de 5 à 13 °/₀ d'Acide phosphorique ; ils valent donc de 10 fr. à 13 fr. 75 les 100 kilos.

***

Les débris animaux, toujours nombreux à la campagne et aux environs des villes, sont un moyen très efficace pour enrichir les terres en principes fertilisants. On peut les utiliser à l'état frais ou à l'état de poudres sèches.

LA CHAIR FRAICHE & DESSÉCHÉE

La *chair* fraîche ne peut être employée que dans le voisinage des ateliers d'équarrissage, car elle se décompose avec une grande rapidité. Elle dose 3 °/₀ d'Azote, 1 °/₀ d'Acide phosphorique et pas de Potasse. La valeur est donc d'environ 5 fr. 50 les 100 kilos.

Dans les fermes, il y a plusieurs moyens d'utiliser les chairs qui ne peuvent être livrées à la consommation. On peut les laisser décomposer pendant un mois ou deux dans une fosse; après ce temps les os se détachent avec facilité et l'on mélange la chair putrifiée avec la terre qui la recouvre. Ce procédé est simple, mais il ne laisse pas de présenter de sérieux inconvénients, car si les animaux sont morts de maladies contagieuses, telles que le charbon, la morve, etc., on risque fort d'infecter le sol et de rendre mortelles les herbes qui croissent aux environs de la fosse.

C'est par l'enfouissement de moutons charbonnés que l'on a propagé dans certaines régions la terrible maladie du *sang de rate* qui, jusqu'aux belles découvertes de M. Pasteur, laissait les propriétaires impuissants et découragés. C'est également par cette pratique de l'enfouissement des moutons charbonnés que l'on a entretenu la maladie dans une ferme du département du Var située dans la commune de Signes.

Il est donc de notre devoir de la proscrire.

Le même danger se présente lorsque l'on jette les chairs dans les fosses à fumier.

On ne peut tirer parti des animaux crevés, tout en évitant les dangers de la contamination, qu'en mélangeant la chair à des matières chimiques telles que le sulfate de fer, la chaux, le carbonate de soude ou bien en les faisant digérer à froid dans une cuve en plomb contenant de l'acide sulfurique, ou encore en les faisant bouillir avec de l'acide chlorhydrique.

Dans le premier cas, la matière est mise à sécher et employée ensuite à l'état de poudre ; dans le deuxième, l'acide sulfurique ainsi enrichi en matières azotées sert à transformer, à la ferme les phosphates naturels en superphosphates. Enfin dans le dernier cas, la pâte obtenue est mélangée à des phosphates minéraux en poudre ; mise ensuite à sécher elle donne un engrais très riche.

La chair desséchée et moulue est l'objet d'un commerce important ; elle dose de 8 à 12 °/₀ d'Azote et vaut par conséquent de 15 à 19 fr. les 100 kilos.

MM. Müntz et Girard signalent un inconvénient de la chair desséchée livrée comme engrais ; cette matière peut contenir jusqu'à 11 °/₀ de graisse, ce qui peut nuire à son action fertilisante. Il est donc indispensable de l'examiner à ce point de vue avant de l'acheter.

LE SANG DESSECHÉ

Le *sang* desséché est un engrais très puissant qui nitrifie avec une grande rapidité. Il est généralement vendu au degré ; sa richesse varie de 10 °/₀ à 13 °/₀ d'Azote, 1/2 °/₀ d'Acide phosphorique et 1/2 % de Potasse ; de telle sorte que sa valeur est d'environ 20 fr. les 100 kilos.

Nous mettons en garde les cultivateurs contre les mélanges de sang desséché et de matières inertes que des commerçants peu scrupuleux n'hésitent pas à vendre comme du sang pur.

Le sang desséché est d'une conservation difficile; aussi on doit le tenir dans un local sec et froid et à l'abri des mouches. On l'emploie au printemps sur les prairies naturelles, et avant les semailles sur les plantes dont on veut activer la végétation, les primeurs, pois, haricots, etc.

Les débris d'une foule d'industries sont toujours employés efficacement comme engrais; et comme ils n'ont plus d'autre valeur que celle que l'agriculteur veut bien leur attribuer, le cultivateur étant le maître du marché, ne doit acheter ces matières que d'après leur richesse en principes fertilisants.

Tels sont : les déchets de cornes, les sabots, les onglons, les débris de cuirs, de chiffons, marcs de colle, résidus de colle d'os, noirs de raffinerie, litière de vers-à-soie, vieux scourtins, etc.

LES DEBRIS ANIMAUX

Les *déchets de corne*, les *sabots*, les *onglons* sont très riches en Azote et en Acide phosphorique, aussi riches que les Guanos, mais se décomposent très lentement; aussi les utilise-t-on pour les cultures arbustives. Lorsqu'on les réduit sous forme de frisons, de rognures, de rapures, ou bien lorsqu'on les grille on en obtient des engrais plus rapides et propres aux cultures ordinaires.

La composition de ces matières est très variable suivant la proportion plus ou moins grande de tissus osseux qu'elles renferment. Elle varie de 12 % à 15 % d'Azote et de 3 à 5 % d'Acide phosphorique ; de sorte qu'on peut les acheter depuis 15 fr. jusqu'à 25 fr. les 100 kilos. Il serait utile de ne les payer que suivant leur dosage et leur état de division.

Le cuir contient 9 % d'Azote environ.

Les chiffons de laine 17 % d'Azote.

La bourre de poil de bœuf 13,50 %.

On pourrait n'attribuer à l'Azote contenu dans ces matières qu'une valeur de 1 fr. 15 le kilo, car ces engrais ne produisent leur effet dans le sol que la troisième ou la quatrième année.

Les crins, les plumes, les cheveux sont des produits épidermiques analogues à la corne mais, étant réduits en fragments divisés, la matière est d'une décomposition plus rapide ; elle contient de 14 à 15,50 % d'Azote et vaut de 18 à 25 fr. les 100 kilos.

Les *scourtins de crins* ou débris, que l'on offre aux cultivateurs du Var, ne doivent pas être payés plus de 15 fr. les 100 kilos, car ils sont souvent surchargés de crasses qui en augmentent le poids sans profit pour la culture. Les scourtins végétaux n'ont aucune valeur agricole.

Les *rognures de peaux* provenant des tanneries, aussi bien que les déchets résultant de la confection des chaussures, constituent un engrais d'une assez grande richesse. Ces matières acquièrent encore une valeur plus grande lorsqu'elles ont été soumises à la chaleur humide et privées de la gélatine qu'elles contenaient par les fabricants de colle-forte. Elles constituent alors les *marcs de colle.* Ces marcs ont une action immédiate sur les végétaux ; on les utilise pour les cultures fourragères, les cultures maraichères, les pommes de terre, la vigne, mais à la condition d'y ajouter de la potasse.

La composition des marcs de colle varie beaucoup suivant leur état de dissécation et la méthode employée pour l'extraction de la gélatine.

A l'état frais (40 à 45 °/₀ d'eau), ils dosent environ 1,5 °/₀ d'Azote et 0,5 °/₀ d'Acide phosphorique et leur valeur n'est que de 3 fr. les 100 kilos.

A l'état sec, ils renferment 3,70 °/₀ d'Azote et 1 °/₀ d'Acide phosphorique, ce qui permet de les acheter à 6 fr. les 100 kilos.

Les cuirs provenant des vieilles chaussures sont un excellent engrais pour la vigne et l'olivier, ils ne livrent que peu à peu leurs principes fertilisants.

Les litières de vers-à-soie contiennent 3,5 % d'Azote environ, mais il faut n'employer que celles de vers sains ; les litières de vers corpusculeux arriveraient facilement à contaminer les feuilles des mûriers environnants et à propager la maladie.

On doit également tirer parti des *eaux de suint*, provenant du lavage des laines de mouton; ces eaux sont riches en potasse.

Les *os* des animaux sont composés de matières organiques et de matières minérales, ils contiennent environ :

Phosphates de chaux, 48 à 57 % (c'est-à-dire de 22 à 26 % d'Acide phosphorique) ; gélatine et tissus fibreux 33 à 46 %, et enfin de 3 à 5 % de Carbonate de Chaux. Les matières utiles des os sont surtout les matières minérales, et l'on ne compte leur prix que sur leur richesse en Acide phosphorique. Ce prix varie de 6 fr. 60 à 8 fr. les 100 kilos.

On peut employer les os à l'état frais, à l'état sec, ou sous la forme d'os fondus, c'est-à-dire de déchets de diverses industries.

Les os frais ont une action rapide, car ils se décomposent vite. Les os secs doivent être broyés et, si l'on peut, réduits en poudre fine, avant d'être incorporés au sol; on rend ainsi leur attaque plus facile.

Les os grillés sont d'une assimilation rapide surtout lorsqu'on les a broyés.

Certains industriels préparent de la *poudre d'os* obtenue avec des os dégraissés et broyés; mais il est bon de n'acheter cette poudre que sur dosage garanti, car elle est très souvent frelatée. La poudre d'os doit être fine, blanchâtre ou jaunâtre, ne doit pas avoir d'odeur rance et demande à être conservée dans des locaux froids, secs et en couches peu épaisses

Le commerce vend aussi des *poudres d'os dégélatinés* qui ne contiennent pas d'azote, mais dosent de 27 à 30 °/₀ d'acide phosphorique. On fraude encore très souvent cette poudre.

Le kilo d'acide phosphorique a, dans les poudres d'os, une valeur supérieure à celui des phosphates minéraux; on peut le payer à raison de 0,40.

Il en est de même pour l'acide phosphorique contenu dans le noir animal.

Les *noirs de raffinerie* renferment de l'Acide phosphorique et aussi des matières azotées. Ce sont d'excellents engrais pour les terres qui ne contiennent pas trop de calcaire et ils pourraient rendre de réels services, chez nous, dans la région des Maures et de l'Estérel.

L'usage du noir animal a permis de transformer certaines parties de la Vendée, et de tirer un parti très avantageux de terres précédemment stériles.

Le noir animal renferme généralement de 60 à 75 °/₀ de Phosphate de Chaux et 1,5 °/₀ d'Azote. Le Phosphate de Chaux qu'il contient, bien que sous la forme tribasique, c'est-à-dire insoluble, se trouve être d'une action beaucoup plus rapide que dans le Phosphate de Chaux minéral; de telle sorte qu'on pourrait le compter sans exagération à 0,40 le degré d'Acide phosphorique. Ce qui porterait le prix du noir animal de 11 à 15 fr. les 100 kilos.

Il arrive assez souvent que certaines industries livrent leurs déchets à un prix inférieur à leur valeur agricole, se réservant de relever ensuite les prix lorsque l'écoulement est assuré. Les cultivateurs doivent profiter ces occasions.

LA COLOMBINE

La *colombine,* dont l'emploi est toujours facile dans la partie nord du département du Var, est un engrais très riche. Elle contient de 7 à 8 1/2 °/₀ d'Azote, suivant son degré de dessication. C'est une matière qui fermente très vite, surtout lorsqu'elle est humide, et que l'on doit conserver dans des locaux froids et secs. Elle vaut de 11 fr. à 13 fr. 50 les 100 kilos.

La colombine doit être employée de préférence sur les cultures maraîchères ou sur les cultures industrielles. Il est bon de ne pas les répandre pendant l'hiver, mais seulement au réveil de la végétation, en couverture et mélangée avec de la terre.

Les *crottins* de lapin et ceux de mouton sont également des engrais riches et d'une action rapide mais à un degré moindre que la colombine.

CHRYSALIDES DE VERS-A-SOIE

Les *chrysalides de vers-à-soie* constituent un engrais dont la richesse varie avec le degré de dessication ; à l'état frais, il ne contient guère que 2 % d'Azote ; mais à l'état sec, sa richesse s'élève à 9 1/2 % d'Azote, 1 1/2 % d'Acide phosphorique et 1 % de Potasse, ce qui lui donne une valeur moyenne de 14 fr. 50 à 15 fr. les cent kilos.

Il peut arriver que cet engrais soit mélangé de matières inertes, et la valeur que nous indiquons est celle de la chrysalide pure.

Les *sauterelles* et les *criquets* qui, à différentes périodes, ont occasionnés des dégâts en Algérie et qui ont même manifesté leur présence sur le littoral de notre département, constituent un engrais très riche. Il contient, d'après MM. Müntz et Girard, à l'état frais : 8 1/2 % d'Azote, 1 1/2 % d'Acide phosphorique et 1 % de Potasse ; à l'état sec : 11,50 % d'Azote, 2 % d'Acide phosphorique et 1,30 °/° de Potasse. La valeur de cet engrais varie donc de 15 à 20 fr. les cent kilos. Ce serait commettre une grande faute que de brûler ces insectes ; on doit au contraire les passer au four pour les tuer et les sécher, et les enfouir ensuite dans le sol.

Nous indiquons encore l'utilisation de certaines matières organiques communes dans les régions qui bordent la mer.

Le commerce livre sous le nom de *guanos de poisson*, une matière fabriquée avec des débris de poissons.

III.

ENGRAIS
D'ORIGINE MINÉRALE

De toutes les matières fertilisantes, celles d'origine minérale sont les plus faciles à transporter et à employer; elles tendent aussi à devenir les plus répandues parce que, sous un faible volume, elles représentent une valeur relativement élevée. Cotées régulièrement sur tous les grands marchés du monde, leurs prix servent de base pour déterminer ceux des autres engrais. Ce sont ces matières que l'on nomme généralement *Engrais chimiques.*

Pour la commodité de nos lecteurs, nous les classerons par ordre, suivant que ces matières fournissent de l'Azote, de l'Acide phosphorique, de la Potasse ou de la Chaux.

FOURNISSEURS D'AZOTE

Le *Nitrate de soude* est un engrais très commode à employer et d'une action excessivement rapide ; répandu en couverture, au printemps, sur le blé, l'avoine, l'orge, les prairies naturelles, etc., il produit des effets merveilleux, et nous avons été si souvent témoin de l'étonnement des cultivateurs qui constataient ces effets pour la première fois, que nous pouvons, sans crainte, en conseiller l'emploi pour les terres maigres et les terres sablonneuses du Var.

Le nitrate de soude est un produit qui s'est formé naturellement dans certaines régions intertropicales; on en trouve d'immenses gisements au Chili et au Pérou. Il est produit par la transformation, en azote minéral, de l'azote organique des guanos de chauves-souris et d'oiseaux de mer qui abondent dans ces parages. Il est produit par la nitrification des déjections animales qui s'accumulent autour de certaines grottes, et la formation s'est trouvée complète, grâce à la présence des eaux de la mer qui ont fourni la soude.

Le nitrate de soude est, pour parler vulgairement, du jus de guano cristallisé.

Le nitrate de soude pur contient invariablement 15,5 °/₀ d'azote; son aspect est celui du sel gris, avec cette différence qu'il est encore plus hygrométrique que le sel marin, et que si l'on n'a pas le soin de le conserver dans un local sec, il finit par couler d'humidité.

Nous conseillons aux cultivateurs qui voudraient employer le nitrate de soude de ne pas attendre pour l'acheter que le moment de l'employer soit venu. Il arrive toutes les années que, à la suite des demandes nombreuses de la culture, qui se produisent au printemps, le prix du nitrate s'élève de 23 fr., au mois d'août, à 27 et 28 fr. les 100 kilos, au mois de mars. Il est plus économique de l'acheter en hiver.

Le nitrate de soude est l'engrais azoté que l'on emploie de préférence pour les céréales. On le répand à la dose de 250 à 300 kilos par hectare et au printemps, alors que les plantes vont renaître à la vie sous l'influence du soleil. A la dose de 150 à 200 kilos par hectare, il permet de remonter absolument les avoines qui ont souffert d'un hiver rigoureux.

Pour les vignes, dans les terrains maigres, ou pour celles qui ont été affaiblies par les atteintes de la grêle ou du mildiou, l'année précédente, il est un puissant reconstituant, à la dose de 50 à 100 grammes par pied.

Enfin pour les prairies de graminées, dans les proportions de 200 à 250 kilos par hectare et pour les cultures maraîchères, il peut rendre de très grands services.

On ne doit pas répandre le nitrate de soude trop tôt, en hiver par exemple, car il serait dissous et entraîné par les eaux de pluie, avant que les racines aient pu l'utiliser. Le nitrate de soude est en effet, de tous les engrais, le seul qui échappe au *pouvoir absorbant* du sol et, tandis que les autres doivent être répandus et mélangés au sol pendant l'hiver, lui ne doit être répandu qu'au réveil de la végétation, fin février par exemple, et en couverture.

Le nitrate de soude a été souvent mélangé, par des marchands d'engrais peu scrupuleux, avec du sel marin ; il est bon de se méfier de cette fraude.

Le *Sulfate d'ammoniaque* est un engrais très employé aussi ; mais il l'est moins que le précédent, bien qu'il soit utilisé dans le même but. On a remarqué, en effet, dans un grand nombre d'expériences où l'emploi des engrais azotés nitriques et ammoniacaux a été comparé, que 1 kilo d'azote nitrique a toujours donné des résultats sensiblement supérieurs à 1 kilo d'azote ammoniacal.

Le sulfate d'ammoniaque est un produit fabriqué; il a l'apparence d'un sel formé de gros cristaux, d'un blanc sale, et provient de deux sources, soit des eaux d'épuration des usines à gaz, soit de la concentration et de la distillation des eaux vannes et des urines des vidanges sur de la chaux.

Le sulfate d'ammoniaque du commerce contient 20 °/₀ d'azote; c'est le plus riche des engrais azotés; mais comme son assimilation est plus lente que celle du nitrate de soude, au lieu de se vendre à 1 fr. 65 le kilo d'azote, comme ce dernier, ce qui lui assignerait une valeur de 33 fr.

les 100 kilos, le commerce la livre à un prix qui varie de 31 à 32 fr.

On emploie le sulfate d'ammoniaque comme engrais complémentaire sur les céréales d'hiver, les plantes sarclées, les plantes industrielles, etc., à la dose de 200 à 250 kilos à l'hectare. L'époque la plus favorable est l'automne ou l'hiver, et on le mélange au sol par un labour.

Le *Nitrate de potasse* ou salpêtre serait un engrais précieux, car il contient à la fois de l'azote et de la potasse, si son prix de vente n'était pas aussi élevé. On ne peut songer à l'utiliser que pour les cultures d'agrément et les primeurs.

Ce sel se forme naturellement sur les murs des écuries, près des fosses à fumier, partout où les matières ammoniacales peuvent nitrifier: c'est le salpêtre. On le produit aussi artificiellement dans les usines en faisant agir du nitre sur du chlorure de potassium.

Le nitrate de potasse du commerce contient 13 °/₀ d'azote et 44 °/₀ de potasse et ne vaut par conséquent que 40 à 41 fr. les 100 kilos, tandis que son emploi industriel en élève le prix à 46 et 47 fr. les 100 kilos. L'époque d'utilisation du nitrate de potasse est la même que pour le nitrate de soude.

FOURNISSEURS D'ACIDE PHOSPHORIQUE

Quels sont ceux de nos lecteurs qui n'ont pas entendu prononcer le mot de *phosphate ?* Le nombre en est certainement bien restreint.

Les *phosphates de chaux*, vulgairement appelés phosphates, rendent depuis quinze à vingt ans de tels services à la culture que leur emploi se répand de plus en plus. Mais, si le cultivateur les connait, il est loin de les employer avec discernement ; il ne peut juger, parmi les phosphates de différente origine et les superphosphates, celui qui lui donnera les meilleurs résultats économiques ; c'est-à-dire celui qui, pour une dépense donnée, lui apportera le plus grand bénéfice.

Nous allons essayer de le renseigner sur ce sujet.

L'acide phosphorique, dont nous avons montré précédemment l'incontestable utilité, ne se rencontre pas dans la nature à l'état isolé ; il est toujours accompagné d'une certaine quantité de chaux avec laquelle il se combine. C'est à l'état de phosphate de chaux qu'on le trouve dans le sol, sous forme de pierres dures, de sables spéciaux, ou de déjections animales fossilisées.

Les phosphates minéraux sont exploités dans les Ardennes, la Meuse, la Bourgogne, le Lot, le

Gard, sur le revers Espagnol des Pyrénées et sur un grand nombre d'autres points. Ce sont des *phosphorites, apatites, nodules, coprolithes, phosphates fossiles*, etc.; elles contiennent de 10 à 35 °/₀ d'acide phosphorique insoluble dans l'eau. Pour rendre l'acide phosphorique soluble, on réduit les pierres en poudre et on les attaque par de l'acide sulfurique ; le produit que l'on obtient par cette transformation industrielle porte le nom de *superphosphate*.

On obtient encore le superphosphate en traitant des os par de l'acide sulfurique.

On trouve aussi dans le commerce un engrais phosphaté, produit industriellement, qui porte le nom de *phosphate précipité* ; l'acide phosphorique qu'il contient est moins soluble que celui des superphosphates mais plus soluble que celui des phosphates minéraux.

La valeur en argent des phosphates varie avec leur degré de solubilité et rien n'est plus facile que d'établir cette valeur, puisqu'ils sont toujours vendus avec dosage garanti et que la loi donne l'obligation formelle au vendeur d'indiquer la proportion d'acide phosphorique soluble à l'eau, soluble au citrate d'ammoniaque ou insoluble qu'ils contiennent.

Nous rappellerons pour mémoire que l'acide phosphorique insoluble, celui qui est contenu dans les phosphates ordinaires, vaut 0f25 le kilo et que l'acide phosphorique soluble dans l'eau, contenu dans les superphosphates, a une valeur double qui atteint 0f60 et 0f65 le kilo. L'acide phosphorique soluble au citrate a une valeur intermédiaire.

Les superphosphates ont une action fertilisante beaucoup plus rapide que les phosphates minéraux, et ils la doivent à l'état d'extrême division de leur acide phosphorique, division obtenue par des moyens chimiques qui est toujours supérieure à la division mécanique produite par les meules. Il n'est cependant pas toujours bon de leur donner la préférence. Pour nous, qui recherchons beaucoup moins la rapidité que l'économie des résultats, nous conseillerons souvent l'emploi des phosphates minéraux.

Depuis quelques années, un nouveau procédé de fabrication du fer permet, au moyen de la chaux, d'enlever aux fontes de fer l'acide phosphorique qu'elles contiennent ; acide phosphorique et chaux restent dans les scories.

Les *scories de déphosphoration* sont plus ou moins riches suivant la nature des fontes qui leur ont donné naissance ; elles contiennent de 7 à 20 °/o d'acide phosphorique insoluble et de plus, une quantité de chaux qui peut s'élever à 40 °/o. Les scories de déphosphoration sont un engrais précieux pour les régions pauvres en calcaires ; elles rendront de grands services dans les Maures et l'Estérel.

Les phosphates minéraux et les superphosphates s'emploient à la dose de 200 à 400 kilos par hectare, suivant leur richesse respective et la pauvreté du sol. Les scories à la dose de 400 à 600 kilos.

Il n'y a du reste aucun danger à charger la dose d'acide phosphorique que l'on incorpore au sol, car l'influence de cette matière est considérable dans la végétation; elle est prépondérante dans la formation du fruit, l'aoutement du bois, etc. De plus, l'acide phosphorique étant toujours insoluble dans l'eau, restera dans le sol jusqu'au moment de son utilisation par les plantes; il n'y a pas à craindre qu'il soit lessivé par les eaux de pluie.

D'une manière générale, on devra toujours préférer l'emploi des phosphates minéraux ou des scories de déphosphoration dans toutes les terres privées de chaux et réserver celui des superphosphates aux terres calcaires. Cependant comme 1 kilo d'acide phosphorique coûte 0f65 dans les superphosphates, alors qu'il ne coûte que 0f25 dans les phosphates minéraux, nous conseillerons, pour la création d'un vignoble, d'une luzerne, d'une prairie naturelle, soit pour l'établissement d'une sole de pommes de terre ou d'une culture sarclée quelconque, d'employer, *au moment du défoncement*, 500 à 600 kilos de phosphate minéral par hectare. On aura ainsi, à peu de frais, et pour un temps assez long, enrichi sa terre en acide phosphorique.

Les phosphates naturels et les scories doivent être employés au moment des labours et intimement mélangées à la terre. Les superphosphates peuvent être répandus à la surface, en couverture, dans le courant de février ou de mars.

FOURNISSEURS DE POTASSE

Les grandes sources d'engrais potassiques sont: les cendres des végétaux, les eaux de la mer, et certaines mines spéciales qui ont été découvertes, il y a 30 ans, en Allemagne.

On peut encore trouver de la potasse dans les déjections animales, dans les urines surtout, qui en contiennent de grandes quantités. Contrairement, en effet, à ce qui se passe pour l'utilisation, par les animaux, de l'acide phosphorique et de la chaux contenus dans les plantes, — que l'animal absorbe et retient pour former ses tissus, — la potasse n'est pas utilisée, mais rejetée immédiatement par les urines. La potasse est même un poison pour les animaux. Il est donc utile d'entretenir convenablement le fumier et de ne pas laisser perdre les urines qui contiennent non seulement beaucoup d'azote, mais aussi des quantités relativement élevées de potasse.

Le moyen le moins onéreux de procurer de la potasse à son terrain, consiste à transformer en *cendres*, par la combustion, les feuilles, les branchages et tous les débris végétaux. Cette méthode est surtout à conseiller pour les quelques régions privées de calcaire de notre département, où les débris végétaux employés en nature introduiraient dans le sol un élément acide préjudiciable aux cultures. Pour les autres régions, où le calcaire abonde dans le sol, il est préférable de ne pas détruire, par la combustion, les débris végétaux, mais de les employer après les avoir fait décomposer dans des fosses.

Les *cendres des algues* et des plantes marines sont très riches en sels minéraux, surtout en potasse, et d'une grande efficacité pour les cultures ; leur utilisation pourrait rendre des services sur les terres du littoral.

100 kilos de plantes marines, séchées au soleil, donnent en moyenne 15 kilos de cendres qui contiennent :

Sulfate de potasse....................	10,2
Chlorure de potassium..................	13,5
— de sodium	16,0
Carbonate de chaux et matière insoluble	57,0
Iodures alcalins......................	0,6
	100,00

La quantité de cendres à employer varie suivant leur nature, depuis 4 jusqu'à 10 hectolitres par hectare.

Les *cendres lessivées* sont moins riches en potasse que les cendres vives, mais on peut néanmoins les employer avantageusement sur les terres.

La *cendre de houille* n'a pas une grande valeur fertilisante, mais comme elle contient de l'argile brûlée, on peut l'employer avec mesure sur les terres compactes qu'elle rendra plus souples.

Dans les terrains granitiques du centre de la France, les cultivateurs ont la mauvaise habitude de brûler leurs terres sur place, pour répandre ensuite les *cendres d'écobuage*. Génés par l'acidité des terres de bruyères, qu'ils veulent cultiver en seigle, ils les découpent en grosses mottes et les brûlent dans des fours improvisés ; mais ils détruisent ainsi la plus grande partie de l'azote organique que contenait le sol. Il serait préférable de neutraliser l'acidité du sol par de la chaux, et de lui conserver son humus.

Cette remarque peut être utile aux cultivateurs des Maures et de l'Estérel qui seraient tentés de les imiter.

Les *potasses d'Amérique et de Russie*, qui étaient utilisées autrefois, ne trouvent plus aujourd'hui leur emploi que dans l'industrie. Elles proviennent du lessivage des cendres obtenues dans les régions où, faute de chemins, on ne peut tirer parti de la végétation forestière qu'en la transformant sous un faible volume.

Ce sont les eaux de la mer, ou les dépôts naturels qu'elles ont formés, qui nous fournissent aujourd'hui toute la potasse nécessaire à nos cultures.

C'est dans la mer, en effet, que toutes les matières solubles des roches vont se réunir; elles y sont entraînées par les eaux qui désagrègent et dissolvent continuellement les continents. La richesse des eaux de la mer en soude, potasse, magnésie, chaux, chlore, brome, etc., n'a pas d'autre origine.

Comme l'eau salée ne contient qu'une proportion de potasse qui varie de $0^{gr}10$ à $0^{gr}90$ par litre, et qu'il serait très onéreux de la retirer directement, on s'adresse aux liquides déjà concentrés des marais salants, liquides qui ont laissé déposer la plus grande partie du sel marin qu'ils contenaient.

L'*engrais de Berre* est obtenu de cette façon, il a la composition suivante :

Sulfate de potasse	18,1
Sulfate de magnésie	19,8
Chlorure de magnésum	14,0
— de sodium	20,7
Eau	26,6
Matières insolubles	0,8
	100,00

On n'exploite jusqu'ici qu'un seul dépôt naturel formé par les eaux de la mer. Ce dépôt de sel gemme, situé à *Staasfurth* (Allemagne), n'a pas une composition uniforme dans toute son épaisseur; il est formé de sels de nature différente; on en retire entre autres :

La *Kaïnite* que certains marchands d'engrais apportent sur nos marchés, après l'avoir préparée, c'est-à-dire chauffée au rouge pour la débarrasser du chlorure de magnésium, et qui contient 24 °/₀ de sulfate de potasse, 16 °/₀ de sulfate de magnésie, etc.

Le *chlorure de potassium français,* produit des marais salants, contient de 56 à 57 °/₀ de potasse.

Le *sulfate de potasse* du commerce contient environ 46 °/₀ de potasse.

Le *nitrate de potasse,* dont nous avons parlé précédemment, à propos des engrais azotés, contient, lorsqu'il est pur, 46 °/₀ de potasse.

Le *carbonate de potasse*, dont le prix est toujours élevé, et qui n'est pas toujours d'un emploi économique, contient à l'état pur 68 °/₀ de potasse.

Tous ces sels potassiques sont très souvent fraudés, additionnés de sel marin ou autres; il est bon de ne les acheter que sur dosage garanti.

FOURNISSEURS DE CHAUX

Nous en arrivons, avec l'étude agricole de la chaux, à une partie de notre sujet qui n'intéresse spécialement que les régions, privées de calcaire, des Maures et de l'Estérel.

La chaux ne sert pas seulement d'engrais, elle prépare aussi la décomposition des matières minérales et organiques qui se trouvent dans le sol, de manière à les rendre plus facilement assimilables, et elle modifie la nature du sol lui-même.

La quantité de chaux à employer par hectare ne doit pas être élevée; il est préférable de chauler peu toutes les années avec de la chaux bien diffusée, réduite en particules fines, que de chauler beaucoup et à intervales éloignées, avec de la chaux éteinte brusquement. C'est là le point important.

La chaux aura une action d'autant plus efficace pour les plantes que, divisée en éléments plus petits et plus nombreux, elle pourra imprégner plus complètement le sol, et l'on n'obtiendra cette division extrême de la chaux qu'en la laissant diffuser lentement, à la seule humidité de l'atmosphère.

La quantité à employer, pour les terrains d'origine éruptive, doit être de 10 hectolitres par an, ou de 30 hectolitres tous les trois ans. On doit la répandre sur le sol, avant les labours d'hiver, de façon à pouvoir profiter autant que possible de ces derniers pour mélanger intimement cette matière minérale avec la terre. On devra bien se garder de la mélanger avec le fumier avant de l'enfouir.

La *marne* est une argile calcaire qui, dans certains cas, peut remplacer économiquement la chaux. Dans les terrains sablonneux, la marne rendra même de meilleurs services que la chaux parce qu'elle apportera avec elle l'élément argileux qui pourra modifier l'état physique du sol.

La marne doit être répandue sur le sol dans le courant de l'hiver et par un temps sec ; on la mélange à la herse et on l'enfouit par un labour, par les mêmes moyens que ceux employés pour la chaux.

La quantité de marne à employer varie suivant la proportion de calcaire que contient le sol, et aussi suivant la propre richesse de la marne.

La marne paraît plus favorable aux fourrages que la chaux, mais elle est moins favorable aux grains.

Le *plâtre* est encore un composé de chaux, et malgré cela intéresse tous les cultivateurs de notre département ; car s'il produit d'excellents effets sur les terres légères, sablonneuses, qui renferment peu de calcaires, il n'est pas moins apprécié sur des sols pourvus de carbonate de chaux.

L'usage du plâtre ne remonte pas à bien loin ; c'est en 1765 qu'il a été employé pour la première fois sur les plantes, et les résultats obtenus furent tels que bientôt son usage se répandit. Les expériences de Franklin sur les luzernes sont trop connues pour qu'il soit besoin de les conter.

Le plâtre est du *sulfate de chaux ;* c'est un sel peu soluble dans l'eau ; en effet un litre d'eau à la température ordinaire n'en dissout que 2 gr. 35 environ. Cependant, malgré son peu de solubilité, comme il se combine dans le sol avec des principes qui s'y trouvent déjà, son rôle principal serait de rendre plus facile l'assimilation ou la fixation de certains éléments. — D'après quelques agronomes, le plâtre serait directement absorbé par les plantes ; d'après d'autres la quantité de soufre contenue dans le végétal serait proportionnelle à la quantité de plâtre répandu ; et enfin, d'après M. Deherain, le plâtre permettrait à la potasse qui se trouve à la surface du sol, sous forme de carbonate de potasse, et qui y est retenue en vertu du pouvoir absorbant du sol, de se transformer en sulfate de potasse et de filtrer ainsi à travers la terre pour arriver à la portée des racines qui s'enfoncent profondément dans le sol; c'est ce qui paraît démontré par l'heureuse influence du plâtre sur les plantes à racine profonde, telles que les luzernes, les trèfles, etc.

Quoiqu'il en soit, des effets chimiques qui se passent au sein de la terre, il nous suffit de savoir que le plâtre donne toujours de bons résultats sur les prairies de légumineuses, surtout sur les prairies qui contiennent de la matière organique en excès, sur les céréales, sur la vigne et sur quantité d'autres plantes.

On répand le plâtre sur les prairies lorsque les herbes y atteignent 10 à 12 cent. de hauteur; l'opération doit se faire de préférence le matin, lorsque les feuilles sont couvertes de rosée et lorsque le temps est calme.

La quantité à employer est d'environ 250 kilos par hectare.

Les plantes poussent vigoureusement et les feuilles prennent une couleur verte plus accusée.

Le plâtre produit les meilleurs effets sur la vigne, et la quantité à employer pour cette culture est de 400 kilos environ par hectare.

Les vieux plâtras, qui proviennent des démolitions de bâtisses, doivent toujours être utilisés dans nos pays; ils fournissent un grand nombre de matières utiles aux plantes, et dans les terres argileuses agissent comme éléments diviseurs. On peut aussi les mélanger avec du fumier et dans de faibles proportions, ils y jouent le même rôle que le plâtre.

IV.

LE FUMIER DE FERME

Le fumier de ferme est, de tous les engrais organiques, le plus répandu et le plus facile à employer. Il est aussi le plus économique lorsqu'on le produit dans l'exploitation, mais presque toujours le plus cher de toutes les matières fertilisantes, lorsqu'on l'achète au dehors.

Nous conseillerons aux cultivateurs de l'entourer de soins, afin de lui éviter les pertes nombreuses auxquelles il est soumis dans la plupart de nos fermes, et de l'employer en aussi grande quantité qu'ils en pourront disposer; mais, dans le cas où la ferme n'en produirait pas suffisamment pour les besoins de la culture, de ne jamais en acheter.

Le cultivateur paye le principe fertilisant de 25 à 40 °/o plus cher dans le fumier qu'il achète que dans les autres engrais, organiques ou chimiques. Il ne peut invoquer, comme excuse, la nécessité de l'humus qui se trouve dans le fumier, car l'humus se trouve aussi dans toutes les matières organiques.

Nous insistons sur ce point avec intention, parce qu'un grand nombre de propriétaires du Var se laissent entraîner par les résultats apparents, sans songer aux résultats économiques.

Le fumier de ferme est le résultat de la décomposition simultanée des déjections animales et des litières ; il présente des caractères et une richesse très variables suivant la nature et l'alimentation des animaux entretenus à la ferme, le genre de litières, et aussi suivant les moyens employés pour le conserver.

La valeur fertilisante du fumier peut, dans les exploitations soignées, s'élever beaucoup, tandis quelle est en général bien faible dans la plupart de nos fermes; et pour donner à nos lecteurs une idée de ces variations, nous allons indiquer le dosage de deux fumiers produits dans des conditions différentes.

L'un contenait par mille kilogr. $5^{k}800$ d'azote, $2^{k}600$ d'acide phosphorique et $5^{k}200$ de potasse, et valait environ 13 fr. les mille kilogr. ; l'autre contenait $1^{k}320$ d'azote, $1^{k}600$ d'acide phosphorique et $4^{k}300$ de potasse et valait 5 fr. les mille kilog.

Le premier était produit dans une école d'agriculture, et le second dans une ferme voisine de cet établissement.

Nous ne pouvons mieux mettre en garde le cultivateur contre les mauvaises méthodes qu'en le priant de nous suivre dans l'étude des différents facteurs dont le fumier est le produit.

Les *déjections animales* n'ont pas toutes la même composition ; suivant qu'elles appartiennent à telle ou telle espèce, elles contiennent, par mille kilogr. de matières (solides ou liquides), environ :

	Azote	Acide phosphorique	Potasse
Chez l'homme. . .	11k	6k	2k500
le bœuf.	2.800	1.900	3.500
le cheval . . .	6.200	3.	3.500
le mouton. . .	9.100	4.	5.800
le porc	4.900	3.500	5.200

Et encore ces proportions peuvent-elles être augmentées, si l'on augmente la richesse de l'alimentation.

Il me souvient, à ce sujet, d'avoir entendu soutenir, par un habile engraisseur des Bouches-du-Rhône, que le fumier de porc produit dans son exploitation lui donnait, pour ses récoltes, des résultats comparables à ceux fournis par le fumier de mouton. Nous devons ajouter que les porcs étaient nourris exclusivement au tourteau de palmistes et à la farine de maïs.

La moitié environ des éléments nutritifs contenus dans les aliments passe dans les déjections, la potasse y passe en entier.

Il en résulte que plus les aliments seront riches en azote, acide phosphorique et potasse, plus le fumier sera lui-même riche en ces matières ;

et que mieux le bétail sera nourri, meilleur sera le fumier.

Les *litières* employées ont aussi une influence très sensible, influence qu'elles tiennent de leur composition chimique et aussi de leur état physique qui leur permet d'absorber plus ou moins facilement les urines. Mais il est bien rare que le cultivateur ait le choix ; il utilise la litière qu'il trouve avec le moins de frais possible.

Les litières végétales absorbent et retiennent bien mieux le purin que les litières terreuses et, parmi les premières, ce sont les pailles qui tiennent le premier rang.

Ainsi on a trouvé à la suite d'expériences que, en 24 heures :

100^k de paille de blé ont absorbé 220^k d'eau.

100^k de paille d'orge ont absorbé 285^k d'eau.

100^k de paille d'avoine ont absorbé 228^k d'eau.

100^k de tiges de bruyères sèches ont absorbé 145^k d'eau.

100^k aiguilles de pin ont absorbé 150 à 200^k d'eau.

100^k genêts ont absorbé 111^k d'eau.

100^k tiges de pois, sèches, ont absorbé 280^k d'eau.

100^k tiges de féveroles ont absorbé 330^k d'eau.

100^k sciures de bois ont absorbé 430^k d'eau.

100^k tannée ont absorbé 400 à 500^k d'eau.

Pour les litières minérales, en 24 heures :

100k de sable ont absorbé 25k d'eau.

100k de marne ont absorbé 40k d'eau.

100k de terre végétale séchée à l'air ont absorbé 50k d'eau.

Il y a donc une grande supériorité en faveur des litières végétales, qui doivent encore être considérées par rapport à leur propre richesse en matières fertilisantes.

Elles contiennent par mille kilogr. :

	Azote	Acide phosphorique	Potasse
Paille de blé	4k800	2k300	4k900
— d'orge	4.800	1.900	9.300
— d'avoine	4.	2.800	9.700
— de seigle	4.	2.500	8.
Balles de blé	7.200	4.	8.
— d'avoine	6.400	2.	5.
Fanes de féveroles	16.300	4.100	20.
— de pois	10.400	3.800	10.700
Tiges de maïs	4.800	3.800	16.600
— de pommes de terre sèches	5.	1.	3.

La quantité de litière donnée par tête de gros bétail varie entre 3 et 5 kil. de paille pour 24 heures, ce qui fait environ 1.500 kil. par an et suppose, par ce seul fait, un apport annuel de 6 à 7 kil. d'azote, de 2 à 4 kil. d'acide phosphorique et de 7 à 15 kil. de potasse.

Les litières composées de tiges de légumineuses, étant moins absorbantes que les pailles, devront être employées à raison de 5 à 6 kil. par tête et par jour, ce qui donne une quantité de 2.000 kil. par an et un apport de principes fertilisants de 20 à 30 kil. d'azote, 8 à 12 kil. d'acide phosphorique et 20 à 50 kil. de potasse.

Il n'est donc pas indifférent d'employer tel ou tel genre de litière et dans tous les cas le cultivateur qui aura l'occasion de vendre ses pailles à un prix avantageux pourra toujours le faire et les remplacer par des débris végétaux ou même par de la terre. Les litières terreuses rendent de grands services dans les fermes de l'Angleterre et de la Suisse ; elles absorbent bien les principes fertilisants et les retiennent bien mieux que les litières végétales, mais elles demandent une grande surveillance. Nous les recommandons surtout pour les bergeries.

FUMIERS SPÉCIAUX

Les fumiers ont été classés en deux catégories: fumiers chauds et fumiers froids suivant que leur action dans le sol est plus ou moins rapide.

Les *fumiers chauds* sont les plus actifs, ils renferment peu d'eau et fermentent vite ; le type caractéristique de cette catégorie est le fumier de cheval.

Le *fumier de cheval* mis en tas se décompose rapidement et la température de sa masse devient considérable. Cette qualité qui le rend précieux pour la confection des couches dans la culture, maraîchère, lui permet par contre de perdre facilement une partie de sa richesse en azote. Aussi, pour conserver à cet engrais toute sa valeur fertilisante, les cultivateurs doivent-ils avoir le soin de le tasser fortement afin d'empêcher la pénétration de l'air dans la masse et l'arroser fréquemment avec du purin. C'est le seul moyen de modérer la fermentation et d'éviter les pertes.

La quantité de déjections produite par un cheval du poids de 400 kilogr., et recevant une ration ordinaire en foin, paille et avoine, est en moyenne de 6 kil. de matières solides et de 3k200 d'urines.

Les matières solides contiennent de 7 à 8 gr. d'azote et 5 gr. d'acide phosphorique par kilogr. Les urines 18 gr. d'azote et 0 gr. 05 d'acide phosphorique par litre.

Ce qui donne une production moyenne annuelle de 36 kil. d'azote et de 12 kil. d'acide phosphorique.

Mais nous avons envisagé un cheval recevant une alimentation convenable, ce qui n'est pas toujours le cas dans nos campagnes où les chevaux consomment peu d'avoine et ne livrent par conséquent que des engrais pauvres en acide phosphorique.

Nous donnons encore les résultats de nombreuses analyses faites par MM. Müntz et Girard sur le fumier de cheval obtenus dans les écuries de l'armée ou des compagnies d'omnibus.

Nos lecteurs qui utilisent cet engrais pour la fumure de leurs vignes y trouveront des éléments d'appréciation.

	Eau 0/0	Azote 0/0	Acide phosphor. 0/0	Potasse 0/0
Chevaux d'omnibus.	64.9	0.48	0.32	0.84
— de troupe..	57.3	0.44	0.29	0.56

Ces fumiers qui renferment peu de paille et une moyenne de 61 °/₀ d'eau ont une valeur agricole maximum de 12 fr. la tonne.

Ajoutons encore que le fumier de cheval pèse, au sortir de l'écurie, environ 400 kil. le mètre cube.

Le fumier de cheval doit être employé de préférence sur les terres froides et compactes ; sur les terres légères son action serait trop rapide et pourrait ne pas profiter complètement aux plantes.

Le *fumier de bêtes à laine* est aussi un engrais chaud, mais son action sur le sol est moins énergique et de plus longue durée que celui de cheval; c'est ce qui permet de l'employer sur un plus grand nombre de terres. Ce fumier est généralement employé pour les cultures industrielles; il est excellent pour la vigne et les pommes de terre.

Obtenu avec une litière de 225 gr. de paille par

jour et par tête, il a une composition moyenne de 0.60 °/₀ d'azote, 0.50 d'acide phosphorique et 1.55 de potasse.

Les *fumiers froids* possèdent des caractères et une action qui les différencient absolument d'avec ceux que nous venons d'examiner. Ils sont produits par les bêtes bovines et par les porcs.

Le *fumier des bêtes bovines* est très riche en eau, il se décompose donc lentement; c'est ce qui permet de l'employer de préférence sur les terres légères, chaudes et calcaires. Dans les terres argileuses, où l'air ne pénètre que difficilement, il demeure très longtemps sans nitrifier et ne profite que très lentement aux récoltes.

Sa richesse en principes fertilisants est peu élevée ; avec 3 kil. de paille litière par jour, une vache soumise au régime mixte donne un fumier qui contient pour 100 en moyenne : 0.60 d'azote, 0.27 d'acide phosphorique et 0.85 de potasse pour une humidité de 70 °/₀.

Le *fumier de porc* est essentiellement froid, parce qu'il contient une très grande quantité d'eau. Sa richesse est très variable suivant le genre de nourriture donnée à l'animal ; c'est ce qui explique les appréciations très différentes des agronomes relativement à sa valeur.

Lorsque les porcs sont soumis à une nourriture concentrée, composée de farineux, tourteaux de grains, fécules, etc., les déchets de l'alimentation sont riches et comparables aux meilleurs fumiers; tandis que dans le cas ordinaire, où les porcs ne consomment que des herbes ou des racines, ils ne fournissent qu'un engrais très pauvre.

Le fumier de porc doit être employé de préférence sur les terres calcaires.

FUMIER ORDINAIRE

Dans la pratique on peut rarement obtenir du fumier applicable à telle terre ou à telle culture; on est presque toujours obligé d'avoir à la ferme des animaux de toutes sortes, chevaux, bœufs, moutons, porcs. Il est donc nécessaire de mélanger l'ensemble de ces fumiers et de produire du fumier normal, qui possède des propriétés moyennes.

Le fumier normal se fait dans la fosse ou sur la plate-forme; c'est là qu'il arrive, par suite des combinaisons nombreuses qui se produisent au sein de sa masse, à l'état de *beurre noir*. C'est là aussi qu'il perd une partie des principes fertilisants qu'il contenait.

La conservation de l'azote des fumiers est une question de la plus haute importance pour nos campagnes et malheureusement, malgré tous les conseils donnés aux cultivateurs, c'est peut être de toutes les questions agricoles celle qu'ils comprennent le plus mal.

L'agriculture française produit chaque année environ 135 millions de tonnes de fumier, estimées à 1,350 millions de francs, sur lesquels nos cultivateurs perdent plus de 117 millions de francs, par suite de l'évaporation de l'azote.

Pour rendre la démonstration plus facile nous allons, d'après les travaux de M. Grandeau, indiquer les pertes produites par le fumier d'une seule tête de bétail.

Une tête de bétail donne, chaque année, 18,000 kil. de fumier tout à fait frais ; ce fumier contient 80 °/₀ d'eau, 0,40 °/₀ d'azote, c'est-à-dire 72 kil. d'azote.

Abandonnés en tas, sans soins spéciaux, ces 18,000 kil. se réduisent à 12,300 kil. de fumier consommé, et la quantité d'azote perdue est de 16k500 depuis la sortie de l'étable jusqu'au jour où le fumier est conduit sur le champ.

C'est donc environ la valeur de 100 kil. de nitrate de soude — le nitrate de soude contient 15,5 °/₀ d'azote — que le cultivateur perd par sa faute, c'est la valeur de 25 fr. qu'il perd par chaque tête de gros bétail.

[illegible]

[illegible]

[illegible]

[illegible]

V.

CONSERVATION

DE LA VALEUR DES FUMIERS

Pour rendre plus évidentes nos conclusions, sur les moyens propres à conserver au fumier toute sa valeur fertilisante, nous allons, en quelques lignes, faire connaître les transformations qui s'opèrent dans sa masse.

Si nous examinons un tas de fumier disposé régulièrement, en cube, sur une plate-forme, il nous sera facile de constater que la température n'y est pas uniforme. Dans la partie basse, la température est à peine à 20° ou 25°, mais elle s'élève de plus en plus à mesure que l'on arrive vers le haut du tas, jusqu'à atteindre 60° à 0,40 au-dessous de la couche supérieure. Il en est de même pour l'air contenu dans le tas qui n'a plus la même composition, suivant la hauteur à laquelle on le prend et qui accuse une plus grande pureté à la partie supérieure.

Evidemment, cette augmentation graduelle de la température est due à l'action plus vive des ferments qui agissent avec plus d'énergie à la partie supérieure, où la quantité d'air pur mise à leur disposition est plus grande, par suite du tassement moindre de la masse.

Les réactions chimiques qui se produisent dans les fumiers, et sous l'action des *ferments,* sont de différents ordres. Les plus importantes ont pour résultat de transformer l'Azote des déjections en *Ammoniaque* et le Carbone en *Acide carbonique.* Acide carbonique et Ammoniaque qui se combinent ensuite pour former le *Carbonate d'ammoniaque,* qui est l'agent le plus actif du fumier.

Le *Carbonate d'ammoniaque* est un produit volatil; — il est aisé de s'en rendre compte en pénétrant dans une écurie, une bergerie surtout — et ce gaz s'échappe avec d'autant plus de facilité du tas de fumier que l'échauffement de sa masse est plus grand. Nous avons donc intérêt à tasser fortement le fumier, et à ralentir l'élévation de température par des arrosages fréquents.

Ces constatations nous donnent les obligations suivantes :

Enlever les litières aussitôt qu'elles sont souillées et les transporter sur le tas, de manière à éviter les pertes de Carbonate d'Ammoniaque que l'on constate dans les écuries, au détriment de l'hygiène des animaux et des ressources du cultivateur.

Mettre le fumier en tas régulier et ne pas le laisser éparpillé sur une grande surface.

Arroser tous les jours, en été surtout, le fumier avec le purin recueilli, afin d'assurer une fermentation plus lente et d'apporter en même temps des principes nouveaux.

Enfin, abriter le tas contre les pluies abondantes, qui en entraîneraient les principes solubles et contre les rayons ardents du soleil ou le mistral, qui faciliteraient son dessèchement.

On peut réaliser à peu de frais toutes ces conditions. Il suffit pour cela d'établir le tas sur une aire étanche, cimentée ou, plus simplement, recouverte d'argile battue. L'aire sera entourée de rigoles allant déboucher dans une fosse étanche où le purin sera recueilli, et l'on aura le soin de l'abriter du nord par une murette, et du midi par quelques arbres.

Pour abriter le fumier contre les pluies, si l'on ne veut pas faire la dépense d'une toiture légère, il suffira de le recouvrir d'une couche de 20 à 30 centimètres de terre.

Nous allons montrer combien la terre est précieuse pour empêcher la déperdition de l'azote des fumiers.

On a recouvert un tas de 6,000 kilos de fumier avec 2,800 kilos de terre végétale tassée en tous sens contre le fumier. Six mois après, on a trouvé que le fumier ainsi protégé n'avait perdu que 2 % de son azote primitif tandis qu'une même masse de fumier placée à côté et abandonnée à elle-même en avait perdu 23 %, c'est-à-dire 12 fois plus.

D'autres moyens de conservation sont encore préconisés par différents agronomes, mais il n'est pas prouvé que les résultats obtenus par ces moyens soient tels qu'on veut bien le dire.

Le *Plâtre* (ou sulfate de chaux) ajouté à la litière a certainement pour premier effet de transformer le *carbonate d'ammoniaque,* qui est volatil en un produit plus stable : le *sulfate d'ammoniaque;* mais bientôt après la réaction contraire s'opère et l'ammoniaque se dégage. Pour former du sulfate d'ammoniaque stable il faudrait employer de très grandes quantités de plâtre.

Le *Sulfate de fer* produit des effets analogues à ceux du plâtre et leur durée n'est pas plus longue, à moins d'en employer de très grandes quantités, ce qui ne serait pas sans danger pour les pieds des animaux. Cependant comme le sulfate de fer est d'un très grand secours contre la chlorose de nos vignes, son usage peut être prescrit, mais *sur le tas seulement.*

La *Kaïnite*, le *Superphosphate de chaux,* produisent sensiblement les mêmes résultats; ils ont cependant l'avantage d'enrichir le fumier soit en potasse soit en acide phosphorique.

Combien il y a loin des méthodes, simples et

peu coûteuses, que nous venons d'indiquer, aux méthodes suivies dans nos campagnes où les fumiers, logés sur le bord de la route, sont exposés tous les jours à être desséchés par les rayons du soleil ou lavés par les pluies, pour le plus grand profit des herbes du ruisseau et la ruine du cultivateur.

TROISIÈME PARTIE

MOYENS PRATIQUES

POUR ACHETER AVEC GARANTIE ET BON MARCHÉ

Pour mettre nos lecteurs à même de défendre, avec aisance, leurs intérêts, nous leur donnons, ci-dessous, le texte de la loi et du règlement d'administration publique qui fixent le commerce des matières fertilisantes.

Nous leur indiquerons, également, le moyen le plus pratique pour mettre à profit les sages prescriptions du gouvernement de la République.

Loi concernant la répression des fraudes dans le commerce des engrais (du 4 février 1888)

« Article premier. — Seront punis d'un emprisonnement de six jours à un mois et d'une amende de 50 à 2,000 francs ou de l'une de ces deux peines seulement :

« Ceux qui, en vendant ou mettant en vente des engrais ou amendements, auront trompé ou tenté de tromper l'acheteur, soit sur leur nature, leur composition ou le dosage des éléments utiles qu'ils contiennent, soit sur leur provenance, soit par l'emploi, pour les désigner ou les qualifier, d'un nom qui, d'après l'usage, est donné à d'autres substances fertilisantes.

« En cas de récidive dans les trois ans qui ont suivi la dernière condamnation, la peine pourra être élevée à deux mois de prison et 4,000 francs d'amande.

« Le tout sans préjudice de l'application du paragraphe 3 de l'article 1er de la loi du 27 mars 1851 relatif aux fraudes sur la quantité des choses livrées, et des articles 7, 8 et 9 de la loi du 23 juin 1857 concernant les marques de fabrique et de commerce.

« Art. 2.— Dans les cas prévus à l'article précédent, les tribunaux peuvent, en outre des peines ci-dessous portées, ordonner que les jugements de condamnation seront, par extraits ou intégralement, publiés dans les journaux qu'ils détermineront, et affichés sur les portes de la maison et des ateliers ou magasins du vendeur et sur celles des mairies de son domicile et de celui de l'acheteur.

« En cas de récidive dans les cinq ans, ces publications et affichages seront toujours prescrits.

« Art. 3.— Seront punis d'une amende de 11 à 15 francs inclusivement ceux qui, au moment de la livraison, n'auront pas fait connaître à l'acheteur, dans les conditions indiquées à l'article 4 de la présente loi, la provenance naturelle ou industrielle de l'engrais ou de l'amendement vendu et sa teneur en principes fertilisants.

« En cas de récidive dans les trois ans, la peine de l'emprisonnement pendant cinq jours au plus pourra être appliquée.

« Art. 4.— Les indications dont il est parlé à l'article 3

seront fournies, soit dans le contrat même, soit dans le double de commission délivré à l'acheteur au moment de la vente, soit dans la facture remise au moment de la livraison.

« La teneur en principes fertilisants sera exprimée par les poids d'azote, d'acide phosphorique et de potasse contenus dans 100 kilogrammes de marchandise facturée telle qu'elle est livrée, avec l'indication de la nature ou de l'état de combinaison de ces corps, suivant les prescriptions du règlement d'administration publique dont il est parlé à l'article 6.

« Toutefois, lorsque la vente aura été faite avec stipulation du règlement du prix, d'après l'analyse à faire sur échantillon prélevé au moment de la livraison, l'indication préalable de la teneur exacte ne sera pas obligatoire, mais mention devra être faite du prix du kilogramme de l'azote, de l'acide phosphorique et de la potasse contenus dans l'engrais tel qu'il est livré, et de l'état de combinaison dans lequel se trouvent ces principes fertilisants. La justification de l'accomplissement des prescriptions qui précèdent sera fournie, s'il y a lieu, en l'absence du contrat préalable ou d'accusé de réception de l'acheteur, par la production, soit du copie de lettres du vendeur, soit de son livre de factures régulièrement tenu à jour et contenant l'énoncé prescrit par le présent article.

« Art. 5.— Les dispositions des articles 3 et 4 de la présente loi ne sont pas applicables à ceux qui auront vendu, sous leur dénomination usuelle, des fumiers, des matières fécales, des composts, des gadoues ou boues de ville, des déchets de marchés, des résidus de brasserie, des varechs et autres plantes marines pour engrais, des déchets frais d'abattoirs, de la marne, des faluns, de la tangue, des sables coquilliers, des chaux, des plâtres, des cendres ou des suies provenant des houilles ou autres combustibles.

« Art. 6. — Un règlement d'administration publique prescrira les procédés d'analyse à suivre pour la détermination des matières fertilisantes des engrais, et statuera sur les autres mesures à prendre pour assurer l'exécution de la présente loi.

Art. 7. — La loi du 27 juillet 1867 est et demeure abrogée.

Art. 8. — La présente loi est applicable à l'Algérie et aux colonies.

« La présente loi, délibérée et adoptée par le Sénat et par la Chambre des députés, sera exécutée comme loi de l'Etat ».

Décret portant règlement d'administration publique pour l'application de la loi concernant la répression des fraudes dans le commerce des engrais (du 10 mai 1889).

Le Président de la République française,

« Sur le rapport du Ministre de l'agriculture,

« Vu la loi du 4 février 1888 concernant la répression des fraudes dans le commerce des engrais, et notamment l'article 6 ainsi conçu :

« Art. 6. — Un règlement d'administration publique prescrira les procédés d'analyse à suivre pour la détermination des matières fertilisantes des engrais, et statuera sur les autres mesures à prendre pour assurer l'exécution de la présente loi » ;

« Le Conseil d'Etat entendu,

DÉCRÈTE :

« ARTICLE PREMIER.— Tout vendeur d'engrais ou amendement, autre que l'un de ceux mentionnés à l'article 5 de la loi du 4 février 1888, est tenu d'indiquer, soit dans le contrat de vente, soit dans le double de la commission délivré à l'acheteur au moment de la vente, soit dans une facture remise ou envoyée à l'acheteur au moment de la livraison ou de l'expédition de l'engrais ou amendement ;

« 1° Le nom dudit engrais ou amendement ;

« 2° Sa nature ou la désignation permettant de le différencier de tout autre engrais ou amendement ;

« 3° Sa provenance, c'est-à-dire le nom de l'usine ou de la maison qui l'a fabriqué ou fait fabriquer, s'il s'agit d'un produit industriel, ou le lieu géographique d'où il est tiré, s'il s'agit d'un engrais naturel, soit pur, soit simplement trié et pulvérisé.

« ART. 2. — Les indications prescrites par l'article qui précède doivent être complétées par la mention de la composition de l'engrais ou amendement.

« Cette composition doit être exprimée par les poids des éléments fertilisants contenus dans 100 kilogrammes de la marchandise facturée, telle qu'elle est livrée et dénommée ci-après :

Azote nitrique ;

Azote ammoniacal ;

Azote organique ;

Acide phosphorique en combinaison soluble dans l'eau ;

Acide phosphorique en combinaison soluble dans le citrate d'ammoniaque ;

Acide phosphorique en combinaison insoluble ;

Potasse en combinaison soluble dans l'eau.

« Pour l'azote organique et la potasse en combinaison soluble dans l'eau, l'origine ou l'indication de la matière première dont ils proviennent doit être mentionnée.

« Dans tous les cas, la teneur par 100 kilogrammes d'engrais ou amendement est exprimée en azote élémentaire (Az), en acide phosphorique anhydre (PhO^5) et en potasse anhydre (KO).

« Les mots « pour cent » dans l'indication du dosage doivent être exprimés en toutes lettres.

« Art. 3.— Lorsque la vente est faite avec stipulation du règlement du prix d'après l'analyse à faire sur échantillon prélevé au moment de la livraison, l'indication de la composition de l'engrais ou amendement, telle qu'elle est exigée par l'article 2 qui précède, n'est pas obligatoire ; mais le vendeur est tenu de mentionner, en outre des prescriptions de l'article premier :

Le prix du kilogramme d'azote nitrique ;

Le prix du kilogramme d'azote ammoniacal ;

Le prix du kilogramme d'azote organique ;

« Le prix du kilogramme d'acide phosphorique en combinaison soluble dans l'eau ;

« Le prix du kilogramme d'acide phosphorique en combinaison soluble dans le citrate d'ammoniaque ;

« Le prix du kilogramme d'acide phosphorique en combinaison insoluble ;

« Le prix du kilogramme de potasse en combinaison soluble dans l'eau ;

« Pour l'azote organique et la potasse en combinaison soluble dans l'eau, l'origine ou l'indication de la matière première dont ils proviennent doit être mentionnée.

« Les prix se rapportent toujours au kilogramme d'azote élémentaire (Az), d'acide phosphorique (PhO^5) et de potasse (KO).

« Art. 4.— Les infractions aux dispositions de la loi du 4 février 1888 et à celles du présent règlement d'administration publique seront constatées par tous officiers de police judiciaire et agents de la force publique.

« S'il y a doute ou contestation sur l'exactitude des indications mentionnées dans les contrats de vente, factures ou commissions destinés à l'acheteur, il peut être procédé, soit d'office, soit à la demande des parties intéressées, à la prise d'échantillon et à l'expertise de l'engrais ou amendement vendu.

Art. 5. — Au cas où il est procédé à la prise des échantillons, à la demande des parties intéressées, les échantillons sont prélevés contradictoirement par les parties au lieu de la livraison.

« Si le vendeur refuse d'assister à la prise d'échantillon ou de s'y faire représenter, il y est procédé à la requête et en présence de l'acheteur ou de son représentant, par le maire ou le commissaire de police du lieu de la livraison.

Art. 6. — Quant il est procédé d'office à la prise d'échantillon, celle-ci est faite par le maire de la localité, ou son adjoint, ou le commissaire de police, soit dans les magasins ou entrepôts, soit dans les gares ou ports de départ ou d'arrivée.

« Art. 7. — Les échantillons sont toujours pris en trois exemplaires ; chacun d'eux est enfermé dans un vase en verre ou en grès verni, immédiatement bouché avec un bouchon de liège sur lequel le magistrat qui aura procédé à la prise d'échantillon attachera une bande de papier qu'il scellera de son sceau.

« Une étiquette engagée dans l'un des cachets porte le nom de l'engrais ou amendement, la date de la prise d'échantillon et le nom de la personne ou du fonctionnaire ou agent qui requiert l'analyse.

« Art. 8. — Chaque prise d'échantillon est constatée par un procès-verbal qui relate :

1° La date et le lieu de l'opération ;

2° Les noms et qualités des personnes qui y ont procédé ;

3° La copie des marques et étiquettes apposées sur les enveloppes de l'engrais ou amendement ;

4° La copie du contrat de vente, du double de la commission ou de la facture ;

5° La marque imprimée sur les cachets et la couleur de la cire ;

6° Le nombre des colis dans lesquels ont été prélevés des échantillons, ainsi que le nombre total des colis composant le lot échantillonné.

7° Enfin toutes les indications jugées utiles pour établir l'authenticité des échantillons prélevés et l'identité industrielle de la marchandise vendue.

Art. 9. — Des trois exemplaires de chaque échantillon d'engrais ou d'amendement, l'un est remis ou envoyé au vendeur, l'autre est transmis à un chimiste expert pour servir à l'analyse, le troisième est conservé en dépôt au greffe du tribunal de l'arrondissement, pour servir, s'il y a lieu, à de nouvelles vérifications ou analyses.

« Dans le cas où la prise d'échantillon a lieu d'un commun accord ou à la requête de l'acheteur, les parties peuvent convenir du choix du chimiste expert.

« En cas de désaccord, ou en cas de prise d'échantillon d'office, le chimiste expert est désigné par le juge de paix du canton, sur la réquisition du magistrat qui a procédé à l'opération ou, à son défaut, de la partie la plus diligente.

« L'échantillon est remis au chimiste expert ; en même temps transmission est faite à celui-ci de la copie des énonciations de provenance et de dosages formulées par le vendeur, conformément aux articles 3 et 4 de la loi et des articles 1, 2 et 3 du présent décret.

« Art. 10.— L'expertise est faite par l'un des chimistes experts désignés par le Ministre de l'agriculture et dont la liste est révisée tous les ans dans le courant du mois de janvier.

« Les frais de l'expertise sont réglés d'après un tarif arrêté par le Ministre.

« Art. 11.— L'analyse de l'échantillon doit être effectuée dans un délai de dix jours, au plus, à partir du jour de la remise de l'échantillon au chimiste expert.

« Art. 12.— L'analyse doit être faite d'après les procédés indiqués ci-après, etc...

*
* *

Le petit cultivateur isolé ne peut que très rarement profiter de la loi tutélaire de 1888. Et cela pour plusieurs raisons :

Il ne consentira jamais à dépenser 10 ou 15 fr. pour faire analyser un engrais qui lui aura coûté 40 ou 50 fr. ; et s'il a fait faire l'analyse et possède la preuve qu'il a été trompé, il n'osera pas poursuivre le vendeur devant les tribunaux ; les dépenses et la crainte du procès l'arrêteront.

Le petit cultivateur est presque toujours trompé, parce qu'il manque de moyens d'information, qu'il s'adresse rarement à des maisons sérieuses et connues, mais se laisse entraîner par des voyageurs de maisons quelconques, qui passent dans les villages et offrent, sous des noms pompeux, des produits n'ayant aucune valeur.

C'est contre ces exploiteurs que nous voulons mettre nos lecteurs en garde, ce sont les pires ennemis de la culture ; ils exploitent, non seulement, les petites bourses, mais deviennent l'obstacle le plus sérieux à tout achat d'engrais et à tout progrès agricole.

Nous les avons vus quelquefois à l'œuvre et ne pouvons nous empêcher d'indiquer quelques uns de leurs moyens.

Ces individus, arrivés dans une commune, s'adressent au receveur buraliste, à un épicier, marchand de grains ou autre patenté solvable. C'est la victime désignée. Ils lui offrent soit un engrais merveilleux, soit un produit qui, en même temps, combat les maladies des plantes et régénère le sol ; ils lui font miroiter les bénéfices énormes qu'il pourra tirer de l'affaire, etc... Si le bon villageois est hésitant, ils se montrent, eux mêmes, pleins de confiance et lui offrent seulement le dépôt de la marchandise,.....il ne paiera qu'au fur et à mesure de la vente.

Ces conditions, en apparence bien modestes, sont enfin acceptées, le villageois signe la feuille qu'on lui présente et ne s'aperçoit que plus tard qu'il a apposé son nom au bas d'un acte de *vente ferme* et non sur un acte de dépôt.

Les marchandises arrivent, il faut en payer le transport et solder ensuite la traite.

Si la victime réclame par lettre, il lui est invariablement répondu que sa réclamation n'est pas fondée et qu'on lui fera procès si elle ne paie pas à l'échéance ; mais si la victime a la curiosité de se transporter à l'adresse indiquée en tête de la facture du vendeur, elle ne trouve souvent qu'une simple boîte à lettre dans le couloir d'une maison. Cette boîte représente la maison de commerce !

Il est d'autres marchands, du même genre, qui, pour donner une apparence d'honnêteté à leur commerce, inscrivent en gros caractères, sur leurs affiches et leurs prospectus : DOSAGE GARANTI, mais qui se gardent bien d'indiquer, en même temps, ce dosage.

De telle sorte que l'acheteur n'a qu'une seule garantie, celle qu'il sera trompé.

Nous avons vu, ce cas, dans quelques communes du Var, entre autres dans celle de Bagnols, et, le plus regrettable, c'est que de braves gens du pays répresentent de telles maisons, sans se douter qu'ils deviennent les complices d'une tromperie.

Il en est encore d'autres qui se recommandent du professeur d'agriculture. Les professeurs d'agriculture ne peuvent se porter garants d'aucune maison, aussi honnête soit elle, et s'il leur arrive, parfois, d'en indiquer quelques unes, ce n'est qu'à titre de simple renseignement. Les maisons honnêtes sont nombreuses, mais toutes peuvent se tromper et l'on ne peut garantir, en bloc, les produits qu'elles livrent. Le professeur d'agriculture ne peut garantir que le produit qu'il a analysé.

Nous n'en finirions pas, si nous voulions dévoiler tous les systèmes employés par certains industriels, ils varient à l'infini.

Pour éviter tout ennui, les cultivateurs n'ont qu'une chose à faire : c'est de ne plus rester isolés, de faire leurs achats en commun, de se syndiquer.

Les syndicats professionnels rendent des services immenses aux cultivateurs, à ceux, surtout, dont les ressources sont limitées et qui font de petits achats.

Les *syndicats agricoles* groupent les commandes de leurs adhérents, achètent en grandes quantités, par conséquent à meilleur marché ; ils n'hésitent pas à envoyer le produit au chimiste, lorsqu'il y a doute sur sa valeur, et les frais d'une analyse répartis sur un grand nombre deviennent insignifiants pour chacun. Enfin, ils peuvent facilement poursuivre la fraude devant les tribunaux. Aussi ne les trompe-t-on jamais.

Les syndicats agricoles peuvent rendre, encore, d'autres services dans nos régions de petites cultures ; c'est au moyen de ces sortes d'associations mutuelles que les petits propriétaires peuvent profiter de certaines machines perfectionnées, de certains outils, qu'ils ne pourraient acheter individuellement.

La création d'un syndicat agricole est des plus

simples ; il suffit, pour l'établir, de nommer une commission de quelques membres, français, jouissant de leurs droits civils, et de fixer un règlement. Aussitôt que le nom des membres de la commission et que le règlement ont été envoyés au maire de la commune, la constitution du syndicat est définitive.

Nous engageons vivement nos lecteurs à former dans chaque commune un petit syndicat. Ces petits syndicats donnent de meilleurs résultats que les syndicats régionaux, auxquels on évite quelquefois de s'adresser, à cause de l'éloignement. Les syndicats communaux peuvent fusionner entre eux, à un moment donné, pour une action commune ; ils sont, à notre avis, le meilleur gage du relèvement agricole de notre pays.

QUELQUES FORMULES D'ENGRAIS

Nous indiquons, pour les cultivateurs qui ne disposeraient pas de fumiers de ferme, quelques formules applicables à nos terres de Provence.

Il est bien entendu que le fumier, dont on pourrait disposer, entrerait en déduction ou supprimerait même, dans chaque formule, le tourteau ou le nitrate de soude.

POUR LA VIGNE

(par hectare ou pour 3.500 pieds)

1° Dans les terres calcaires, maigres, peu argileuses :

400^{k} tourteaux arachides décortiqués sulfurés........................ 40 fr.
300^{k} superphosphate minéral 16/18... 24 fr.
150^{k} sulfate de potasse ou chlorure de potassium........................ 39 fr.
300^{k} plâtre........................ 2,40

Cette formule revient à 106 fr. environ,

2° Dans les terres maigres de la région des Maures et de l'Estérel :

200k tourteaux arachides décortiqués sulfurés	20 fr.
200k nitrate de soude	50 fr.
400k superphosphate	32 fr.

Cette formule revient à 102 fr. environ.

3° Pour terres d'aluvions où les bois sont très vigoureux :

400k superphosphate	32 fr.
150k sulfate de potasse ou chlorure de potassium	39 fr.
300k plâtre	2,40
200k tourteaux	20 fr.

Prix de revient de la fumure : 94 fr. environ.

Revenir au fumier de ferme tous les 4 ou 5 ans.

POUR L'OLIVIER

(par hectare : 150 pieds)

1° Sur nos coteaux calcaires :

250k tourteaux sulfurés	25 fr.
300k superphosphate minéral	24 fr.
75k sulfate de potasse	19 fr.

Prix de revient de la fumure : 68 fr. environ ; 0,45 cent. par pied.

Tous les 4 ans, donner en plus 300k chiffons de laine.

POUR LE MURIER ET L'AMANDIER

Même fumure que pour l'olivier.

POUR LA POMME DE TERRE

400k phosphate minéral riche .... 32 fr.
150k sulfate de potasse .... 39 fr.
40.000k fumier ou, à défaut, 600k tourteaux.

POUR LA LUZERNE

1° En terres argileuses :

400k superphosphate minéral .... 32 fr.
400k plâtre...................... 3,20

2° En terres peu argileuses :

400k superphosphate minéral .... 32 fr.
300k plâtre...................... 2,40
100k sulfate de potasse .... 26 fr.

Prix de revient de la fumure : 35 fr. pour le 1er cas ; 60 fr. pour le 2e.

POUR LES PRÉS FINS (Graminés)

200k nitrate de soude............ 50 fr.
300k superphosphate............ 24 fr.
100k sulfate de potasse .... 26 fr.

Prix de revient : 100 fr. l'hectare.

Tous les 4 ou 5 ans, revenir au fumier de ferme.

POUR LE BLÉ

1° Lorsque le blé suit le sainfoin :

300^k superphosphate............	24 fr.
100^k sulfate de potasse..........	26 fr.

2° Lorsque le blé suit une pomme de terre fumée comme nous l'avons indiqué : rien.

3° Blé sur jachère nue : à la semaille :

100^k sulfate d'ammoniaque.......	33 fr.
300^k superphosphate.......... ..	24 fr.
75^k sulfate de potasse..........	19 fr.

Au printemps, ajouter :

100^k de nitrate de soude.........	25 fr.

Le prix de revient sera de 50 fr. pour la 1re formule, et de 100 fr. environ pour la 2e.

POUR LES CULTURES MARAICHÈRES ET FLORALES

300^k nitrate de soude............	75 fr.
200^k superphosphate minéral	16 fr.
100^k sulfate de potasse..........	26 fr.

Prix de revient : 120 fr. environ par hectare.

Ces formules, essayées, seront par la suite modifiées, s'il y a lieu, suivant le résultat des récoltes.

On pourra remplacer, dans chacune d'elles, le tourteau sulfuré, arachide ou sésame, par un autre engrais organique à décomposition rapide : sang desséché, chrysalide de ver-à-soie, etc..., ou par le nitrate de soude.

On pourra remplacer également le sulfate de potasse par le chlorure de potassium lorsque, après utilisation comparative, les effets produits par l'un paraîtront supérieurs à ceux obtenus avec l'autre.

TABLE DES MATIÈRES

PREMIÈRE PARTIE

LES PLANTES & LE SOL

DEUXIÈME PARTIE

LES ENGRAIS

TROISIÈME PARTIE

MOYENS PRATIQUES

POUR ACHETER AVEC GARANTIE ET BON MARCHÉ

QUELQUES FORMULES

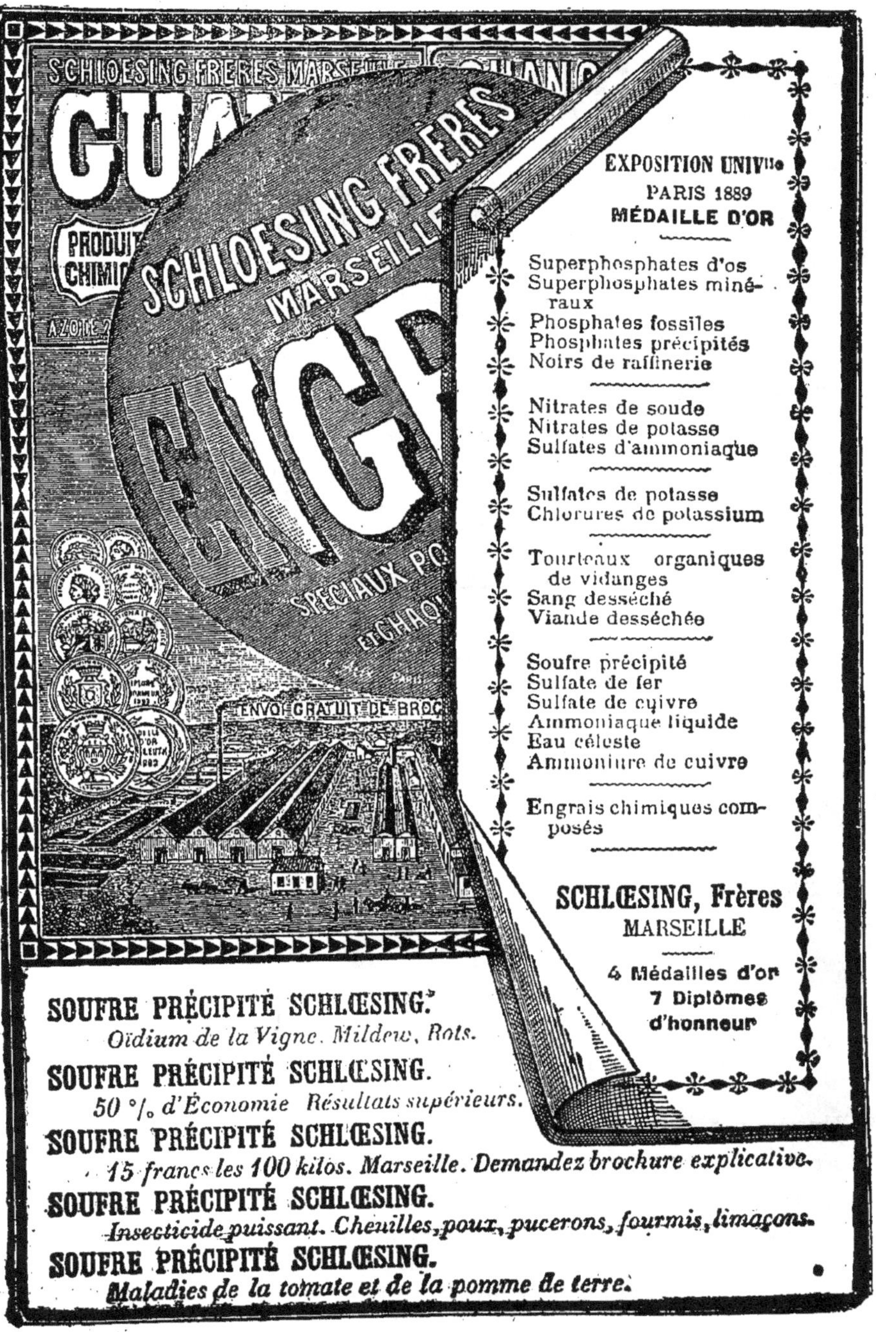
SCHLOESING FRÈRES
MARSEILLE
EXPOSITION UNIV^lle
PARIS 1889
MÉDAILLE D'OR
Superphosphates d'os
Superphosphates minéraux
Phosphates fossiles
Phosphates précipités
Noirs de raffinerie
Nitrates de soude
Nitrates de potasse
Sulfates d'ammoniaque
Sulfates de potasse
Chlorures de potassium
Tourteaux organiques de vidanges
Sang desséché
Viande desséchée
Soufre précipité
Sulfate de fer
Sulfate de cuivre
Ammoniaque liquide
Eau céleste
Ammoniure de cuivre
Engrais chimiques composés
SCHLŒSING, Frères
MARSEILLE
4 Médailles d'or
7 Diplômes d'honneur
SOUFRE PRÉCIPITÉ SCHLŒSING.
Oïdium de la Vigne. Mildew, Rots.
SOUFRE PRÉCIPITÉ SCHLŒSING.
50 °/o d'Économie Résultats supérieurs.
SOUFRE PRÉCIPITÉ SCHLŒSING.
15 francs les 100 kilos. Marseille. Demandez brochure explicative.
SOUFRE PRÉCIPITÉ SCHLŒSING.
Insecticide puissant. Cheuilles, poux, pucerons, fourmis, limaçons.
SOUFRE PRÉCIPITÉ SCHLŒSING.
Maladies de la tomate et de la pomme de terre.

www.ingramcontent.com/pod-product-compliance
Lightning Source LLC
Chambersburg PA
CBHW072314210326
41519CB00057B/5065